书・美好生活
Book & Life

书，当然要每日读。

Everyday
Style
For
Yourself

宁远 / 著

素与练 :: 日常的衣服

北京时代华文书局

目 录
CONTENTS

序

一件映照内心的事
穿衣服是

衣服是我们面对世界的态度。这是一本给普通人的日常美学穿搭书。

学习放下对"美"的执念和负担，穿上一件衣服之后，忘记它。将穿上这件衣服的自己投入到每一天的生活里，读书、写字、工作、带小孩、见朋友……做这一切的时候，怀着放松的心情，而不是老在想：哎呀，我这样穿太好看了，或者，太不好看了。

说到底，希望大家能通过这本书学习实践"怎样穿衣服"，但最终的目的是从"怎样穿衣服"这件事中解放出来。

穿漂亮衣服并不会让你一下子就变得好看，好看的是你

自由又自律的姿态，是你的经历和想象力。

是衣服穿在我身上，还是我穿上了一件衣服？仔细想想，这两句话有点不一样。衣服和人，人永远是第一位的。一件挂在衣柜里的衣服只是半成品，是穿衣服的人最终完成了它。

衣服和人是相互塑造的。千利休"茶道七则"中有一则就是"如花在野"（花は野にあるように），意思是花要插得如在原野中绽放。如果我们用这句话联想一下穿衣服这件事，就会明白人、衣服和环境的关系。事物各归其位，呈现出自然而然的美，衣服穿在人身上，而人在环境里。

我希望向你讲述的，是日常的衣服。衬衣、牛仔裤、羊毛开衫、条纹T恤、风衣，这些每个女人衣柜里都有的普通款，如何搭配出属于自己的风格？

同时身为一位服装品牌的主理人，我也在表达对不同材料的理解：亚麻有粗陶般随和又大气的质感，纯棉像一个最了解你的同性好友，草木染色带给我们与大自然最亲密的连接，而真丝则是每个女人献给自己的一份温柔……

我们还要学习一些色彩知识，每一种色彩的表情是什么？黑白配、同色系、撞色搭需要掌握哪些要义？蓝色仅仅代表宁静吗？高调的红如何搭出沉静优雅？

一开始，我打算把书名定为《普通美》。这三个字准确表达了我关于穿衣服的美学主张。普通美不是不追求美，而

是适度的美，是在处理人、衣服和环境的关系过程中达到的一种放松又舒服的美；是"这样就好"，而不是"这样很好"。

把这个书名告诉了我尊敬并喜欢的作家洁尘姐，希望得到她的意见，她告诉我："'普通美'三个字虽然准确，但从文学的意味上讲，它太确定了，太'实'了，没有空间和张力，不如我们再想想有没有更好的。"

这次对话发生在六月一个阳光明媚的下午。这之后的很多个白天和晚上，我都被书名的事困扰，直到某一天的深夜一点，三个字突然冒了出来：素与练。

"素"和"练"在古代都指白色的绢帛。"素"指白色、素色，"练"有给面料染色的意思。两个字放在一起，"素与练"，似乎有一种千锤百炼、翻越万水千山后到达的意味，它是本来的、原初的美，是一种高级的朴素。

把这个想法说给朋友们听，得到大家的一致赞同。洁尘姐说："抛开你前面的这些解释，'素与练'，一听就有意思，有我一向喜欢的'无理之妙'。"蔚红姐则说："小远呀，你和你做的衣服给人的感觉就是'素与练'的气质呢，一种退让但又通透的姿态。"还有人说："'素与练'，很中国，但不是古老的中国，它从很远的地方来，进入了日常……"

之所以会想到这个名字，是因为我的两个女儿一个叫小素，另一个叫小练呀。

普通人穿搭美学

衣服是我们面对世界的表情

当你读到这本书的时候，我已经四十岁了，或者更老一些。

在穿衣服这件事上，大约三十五岁以后，我才找到了属于自己的风格并且放下对风格的执着。身为一个做衣服的人，同时也是穿衣服的人，我想在这本书里和你分享我拿起并放下的过程。

穿衣服的进化之路就是找到自我的路。找到那个自己喜欢的、真正的自己，然后跟她说，这样就好。

我也是慢慢才明白，衣服和人之间是相互塑造的。一个人并不是生来就知道自己穿什么衣服好，风格也不是一两天就能形成的，不是看到某位自己喜欢的明星穿什么之后恍然大悟：哦，我今后就跟着她穿啦！当然不是。穿衣服的变化是一个人内心成长的显现。女性在成长的路上，在向外扩展的同时，也需要向内探索，认识自我，穿衣服直接体现出我们的探索"成果"。难怪有人说，我们各自住在自己的衣服里。

不说话不做事的时候，衣服就是我们面对世界的表情；在我们说话做事的时候，衣服则像一个好朋友，它陪伴我们，给我们力量和温柔，不停地给我们传递一个信息：没关系，放轻松。

我们常说，一个女人，爱美是天性。但是别忘记了，懒惰也是天性。在追求美的道路上，稍微用心一点儿，是为了去做一个更好的自己。要记得，心思花在哪里，哪里就能开出美妙的花朵。

读到这里，我想你应该意识到了，这本书不是指导穿搭或购买服装的书。我更希望与大家分享的是穿衣服的"底层逻辑"。我认为讲清楚这个，比具体指导怎么穿衣服更重要。

接下来，是我的穿衣经验——一个四十岁女人在自己人生经历上总结出的着装经验，也许适合你，也许不适合。无论如何，你可以把我当作一面镜子，用于观照你自己的衣着和生活。

我又一次提到了自己四十岁，老实说，这是一个让我特别骄傲的数字，尤其在穿衣服这件事上，年龄带给了我更丰富的感受和层次。谢天谢地，今天的我已经不需要追随潮流了。我更自由了，更不在意规则了，更懂得拒绝了，更知道自己是谁以及不是谁了。尽管我的生活还很忙碌，每天在小孩子和工作的围绕下辗转，我也迫切需要更多的自我空间，在遇到一些伤心的事情时也会遭受一定程度的心理危机，但是，我再也不怕一个人待着了。

夜晚，孩子们沉沉睡去，房间内和外面的世界都暗下来。而我点亮台灯，开始阅读或书写。有时候站在书房的窗口，用力闻一闻楼下院子里开得正好的月季花香。天凉了，我换上那套加了一层薄棉的家居服，走进厨房给自己煮一杯红茶。这样的时刻，身体囿于小小的房间，心却去到了遥远的地方。

一切都是刚刚好的样子，"这样就好"的样子。

为什么穿衣服？

提出这个问题是不是有点傻？谁敢不穿着衣服走在大街上啊，那是疯了吧。衣服能遮蔽身体，防寒保暖，这是衣服这个物品作为物理属性的存在，但衣服的"功能"不只如此。

衣服是人体的"第二层皮肤"。好的衣服都有"未完成"的意义，把最后一关创作留给穿衣服的人。人以衣服为媒介，与自己的身体对话，随后进一步打开自己。

穿对了衣服，衣服可以给我们力量，让我们觉得自己出色、美丽，也给我们做一个更好的人的信心。好好穿衣服和好好吃饭、好好走路一样，都是在日常中有意识地觉知"生活"这回事。

在市场经济高度发达的今天，人们对商品的功能需求已经饱和，我要更好的、

更刺激的、更新鲜的、更与众不同的……今天的女性，可选择的衣服空前丰富。

但从历史的维度去看，女性的身体拥有今天这样"想穿什么就穿什么"的自由，其实是历尽艰难。别忘了就在二十世纪初，中国女性为了能把自己的双脚放进三寸长的一双可怕的鞋子里，不得不从小用布带缠裹双脚，导致双脚扭曲变形。

在十九世纪的欧洲，有舞女为了让腰更细，通过手术切除好几根肋骨。更早一些的十六世纪，铠甲式的塑身衣是用铁条制作的，用来强制矫正女性的体型。

今天的女性可以穿裤装，这看起来再正常不过。但就在一战之前，穿裤子还只是男人的专利。那时候的女人们裹着厚重的布料，"活在层层叠叠的花边里，每走一步都能听见布料摩擦的响声"（深井晃子《二十世纪流行的轨迹》）。

今时今日，中东一些国家的女人出门还不能露出面容，只能透过面前的一小块网纱看外面的世界。被网纱遮蔽的，不仅仅是一张生动的脸。

这样看来，女人穿衣服这件事从来不是女人自己说了算。在过去的漫长时间里，女人被物化，甚至被商品化，在男权社会里被当作观赏的对象。穿着这件事，更多时候是用野蛮的力量对身体表面进行加工改造。

多么幸运，在今天我们终于可以试着表达：女人的身体不是物品，女人的衣服也不是一块包装布。女人穿衣服，终于可以在不理会异性视线的前提下主动感受、思考、选择，实现独立个体的转变。

衣服不仅仅是布料构成的包裹身体的东西，它更贴近精神，而非肉体。女人们，穿衣服时，请首先取悦你自己。

感受你自己的需求，你的衣着应该与你的生活息息相关。想让自己开心时，我会用最高一级的认真打扮自己。挑选最喜欢的衣服，精心搭配，想象穿这身衣服出现的场合，说什么话，做什么事，见什么人，会不会大笑，或者被一朵路边小野花吸引、俯身观看，又或者为一部电影流泪……在行走坐卧中，衣服像一位忠诚的好朋友，时时陪伴着我们。

但即使在这样的认真时刻，我也希望我的一身衣服让观看者感到放松。穿衣服很重要，但相比穿衣服的人，衣服就

没那么重要了。请记住闪闪动人的应该是你自己，衣服正是为了帮助我们实现这一点而存在的。

一件新衣服只是半成品，是穿衣服的人最终完成了它。在鲜活的个体身上，我们看见了人赋予衣服以情感、温度和生机。每当穿上一件中意的布衣，最好的方式就是忘记这件衣服，或者让它像皮肤一样成为自己的一部分。不再时刻看见它，也不再在意自己是否好看，意味着我们正深深地投入到眼前的某件事情里。全然地投入，吃饭好好吃，说话好好说，一抬头，三月的樱花开满南山，还有什么比这样的状态更美妙呢？

你了解自己的身体吗？

于晓丹在《内衣课》这本书里提到一个细节，身为设计师的她有时候会在 T 台秀的后台帮助模特换衣服，她发现在把身体裸露出来的一瞬间，即使再老练的模特，身体也会有短暂的僵硬，流露出隐约的脆弱。不知为什么，我被她描述的这个细节打动了。

细细思考，我们每个人对身体的了解少得可怜，对身体的关照也少得可怜。瑜伽课上，老师会说，认识你的身体，聆听它的需求，感受一呼一吸。但是下了课，我还是会忘记自己是由一具肉身构成的这一事实。尼采说："离每个人最远的，就是他自己。"这句话也完全适用于我们和身体的关系。

要知道，身体也有它的需求。我发现我的身体总是比大脑更早对外界做出反应。工作特别忙的时候，嘴唇会起泡；睡觉太晚，第二天心跳就会加速；被人误会还辩解不清的时候，血液就会到达皮肤表面，仿佛随时可以往外涌……

如果我们带着觉知身体的意识去生活，就会发现身体的存在是一个很大很大的事实。

二〇一九年秋天，我在北京上过为期一周的舞台演员肢体训练课。其中一个重要的训练目的就是感知你的身体，让身体作为一个工具帮助你"生活"在舞台上。训练的强度非常大，累得每天晚上上楼梯的时候腿都抬不起来。那些天，我强烈感受到：咦，原来我是有腿有脚的哦。回到酒店，用热水沐浴身体的时候，皮肤与水的接触也比之前的感受更为强烈。一边洗澡一边生出感慨：余生要好好对待这副肉体啊。毕竟，幸运的话，我的灵魂还要住在这个身体里好几十年。

十年前，我曾经遭遇过猝不及防的产后综合征。除了抑郁，身体也有了突然的变化。夏天最炎热的时候，我不能忍受睡觉时没有被子盖在身上，好像一旦去掉那块有分量的

"布"，身体就会失重。那时候我常感觉整个身体快要飘起来，从里到外散发出可怕的凉意。虽然已经热得流汗了，但不能开空调。严重的时候，除了留出呼吸用的鼻孔，全身上下都得裹着被子，被子给了我的身体安全感，好像只有这样，我才能感知到自己是某种具体的存在。

这件极端的事情，如果有什么正面意义，就是使我不得不开始思考身体和衣物的关系。人的每一个动作都会造成衣服和身体的摩擦，让我们意识到"身体"的存在。

曾经在《小石潭记》里读到一句诗："皆若空游无所依"，写鱼儿在水中游像在空中游动，什么依靠也没有。当时不太懂，但"无所依"三个字触动了我，心中竟然生起莫名的伤感。衣服，就是让一个人有所依吧。这么想来，不会对体表有任何刺激的衣服失去了本身应有的意义。当今的手艺和技术已经能做出重量不足十克的超轻连衣裙了，可没人想穿这种轻飘飘的衣服。

衣服服务的对象不是肉身，而是运动中的有机体。T台上行走的模特能让我们直观认识到这一点，但标准的身材、漠然的表情又在提醒我们，那是一个"Model"，不是一个鲜活的具体的人。凭空想象一下，更吸引我的应该是模特们从T台上走下去，在后台打闹、照镜子、换衣服、和好朋友分享零食、给自己心爱的人打电话……又或者是他们在换衣服时，那一瞬间的脆弱。

穿在身上的衣服构成了一个鲜活的人的一部分。它们时而与身体紧张对抗，时而像茧一样温柔地包裹着身体。它们可能是柔软面料的堆叠，也可能在皮肤与面料之间形成缝隙，蕴藏着空气。

身体和衣服的关系就是这样一种美妙的存在，让我们和身体做朋友、和衣服做朋友吧。

为什么总是少一件？

当一个女孩子在你面前嚷嚷：哎呀，没有衣服穿了。这并不表示她的衣柜里没有衣服了，相反，很可能是衣服太多，却又不知如何选择。为什么我们总是觉得自己少一件衣服？

十年前我有过一次"刻骨铭心"的逛街经历，准确说是陪逛经历，妹妹贝壳大学毕业想买一套面试穿的衣服，我陪她。她后来用文字记下了当时的情景：

走了几条街，看上的嫌贵，便宜的看不上，直接把陪在一旁的远远逛哭，眼看服装店一家接一家打烊，惹得她又急又气。

贝壳这样解释她当时的心理动机："那时的我刚刚毕业，特别在乎性价比，愿意花时间挑选最值得下手的东西。在淘宝上买一件衣服，前后历时一周，看评论、找同款、比价格，还要等活动打折。印象里某次花九十八元买了一件图片看起来高端大气上档次的红外套，到手后却直呼上当，一次没穿，转手送给了老家的亲戚。"

贝壳提到性价比的考虑是一方面，可我觉得，更重要的一点是她不知道自己适合什么。因为对自身缺乏认知，有人会买不到衣服，也有人会买一大堆回家却挑不出一件能穿的。贝壳是前者，而我当然属于后者。那天的陪逛，贝壳一件没买，而我买了一大堆（我的又急又气多半来自此事），事实上拿回家真正穿上身的也没有几件。

据说一位专业私人购物顾问在面对客户时，会希望客户回答这些问题：

你优先考虑的是什么？你想要达到什么样的结果和目标？

你的身材和生活方式最近改变过吗？

你常穿的衣服有哪些？哪件衣服不在衣橱里时你会十分想念？

你怎么形容自己的风格？

你准备接受全新的造型或者尝试一些新单品吗？

我认为这些问题还远远不够，我们试着再加上下面的问题：

你喜欢听的音乐有哪些？

你最爱读哪位作家的作品？

你家里的装修是什么样子？

你喜欢喝咖啡还是茶？

你家床单的质地是什么？

你出门喜欢骑车还是开车，会考虑坐地铁吗？

……………

这个清单还可以一直列下去，但在这里我打算省略了。这是你自己需要提问并回答的部分，需要你"审视自己的生活"。一个人怎样生活，怎样为人，有怎样的观念，决定了她会怎样穿衣服。没错，穿衣服其实是一个人的活法，是人格的显影，是身体所处的空间氛围和它的感官状态。

衣服不应该被短暂的潮流趋势所摆布，它是从容而具有个人特征的。如果真有"风格"这回事，那风格就是完美驾驭服装的能力。好的穿着让穿着者的风采不被着装所掩盖，更不会把你变成另一个人。

在变美的成本变得越来越低，化妆术、医疗美容如此发达的今天，"漂亮"不再是稀有资源。那我们还需要什么？身材的管理、气质的修炼、属于自己的风格，这些才是值得努力的方向。我希望大家勇敢面对自己的衣着，同时保持得体。我想让自己舒服，同时对他人友好。把自己打扮得好看，是权利，也是面对世界的义务。

外表和别人差不多，是一个人作为社会的一分子存在的规则，可是外表和别人完全相同，又不可能作为独特个体出现了。所以，人们追求风格，希望在大世界里做那个独一无二的自己。

需要振奋精神在人群中脱颖而出的时刻当然有，但也有很多时候，我们想通过穿衣服把自己藏起来。我们希望穿得和别人基本一样，这样能保证不引人注目地默默度日。可是我们又想追求一些不一样。那些属于自己才有的小心思，它温和无刺激，独立又谦逊。

穿衣服是在人群中、在环境中、在时间和空间里，追求那一点儿微妙的平衡。

我的穿衣进化史

十六岁那年的暑假，我瞒着父母走进了一间地下室酒吧，不是去喝酒，而是去做酒吧服务员，赚取人生第一笔劳动报酬。

那一个月，每天接近午夜客人才离开，整理、打扫完毕已经是深夜一两点了，走出地下室，小城的夜晚只有几盏路灯还亮着。

一个月后我拿到工资，捧着钞票从地下室出来，蹦跳着上了地面台阶，转个弯走进那座城市最繁华的一条购物街，买下一件衬衣和一双鞋子。

我记得衬衣是针织面料的，灰白色，长及大腿，准确说是一件外套，只是领口是衬衣样式，里面搭配 T 恤穿的那种。那双鞋子是没有打磨过的牛皮系带鞋，有点像现在的马丁鞋，但还要粗糙些（我后来高度怀疑那就是一双男款）。这身行头你看出来了吧，二十世纪九十年代的非主流。十六岁真是个妙不可言的年龄，我穿着这身衣服，走在那座山区小城的烈日下，每迈出一步都仿佛正在实现理想。

二十四岁，我在一所高校任教，走在校园里常常被人认成学生。食堂打饭，食堂师傅也总对我大吼："同学，今天要不要加回锅肉。"我心里很懊恼，于是总把自己往老气了打扮，被人喊一声老师就开心半天。那时候的标配：深色西装配黑色漆皮高跟鞋，头发梳得一丝不乱，还要随身拿个公文包。那时候我也特别希望自己的工作被认可，当班主任、做教学秘书、给系主任当助理，每一项工作认真面对，希望自己有一天能走上讲台。一年多后真的上了讲台，反倒轻松随意了很多，站在讲台上，为了和同学们打成一片，也会穿得休闲些。

后来到电视台上班，尽管自己对名牌、奢侈品毫无兴趣，但身为电视台主播，很难不被风气裹挟。同事们在办公室谈论哪个品牌打折了，哪个品牌出限量款了，我也会跟着凑热闹，结果就是买回一堆基本不穿还特别贵的衣服，衣柜里挤满了各种品牌的套装、裙装，当然还有因为工作需要购买的晚礼服、七寸高跟鞋、闪闪发光的各种配饰……这一堆东西的作用类似于制服，不过是在表达"我跟大家都一样"。

我也有出格的时候，因为工作留了好些年的长发，有一天不知怎么腻烦了，走进理发店让理发师给我理了个近似寸头的发型。结果当天上完直播就接到领导的电话，要我休息三个月，"头发长长了再上班"。下了班我就走进一家照相馆拍下了自己留寸头的样子，心想这一辈子大概也就这么一次超级短发了。

二十八岁，一本杂志组一篇稿件，主题是"打开女主播的手袋"，邀请我带上自己最心爱的包包拍一组照片。我那时刚好用棒针织好了一只毛线手提袋，粉色撞灰色，有辫子花纹，为防止走形里层还做了棉布内包。我就带着这个手提袋去参加拍摄了。那期报道发出来，一共有四五位主播，其他主播提的都是商场专柜里的大品牌，Hermès、Coach、LV……只有我，提着个毛线包包笑开了花。

意外的是，杂志被很多人看到，且我的包给他们留下深刻印象。直到去年还有读者跟我说：我第一次认识你，是在十多年前的《新潮生活周刊》，你提着自己做的包包的样子真是又酷又美！

三十岁出头，我先后辞去高校教职和电视台工作，做起了自己的服装工作室。工作环境发生了巨大变化，很多时候都是一个人待在工作室里，对着电脑或缝纫机；即使出门，见的也是亲近的朋友。这段时期的着装完全是"报复式反弹"，穿的都是自己制作的宽松衣服，标配是平底鞋加上不收腰的（夸张的）袍子。有一次参加活动，见到一位好朋友，她见我"披着一张床单飘过来"，说："我的天，你这是通过服装表现叛逆啊。"

"叛逆"这两个字被她讲得很可爱，我也不得不承认，她说得很准确。确实就是这样，辞去工作之后，心理上得到前所未有的解放，再也不用打卡了，再也不用穿"恨天高"了，再也不用挺胸收腹站在台上说编辑写好的"流畅的废话"了。当时的我，内心雀跃，对未来有希冀，新生活的大门正向我敞开。这种状态下，不束缚身体的袍子自然就是最好的选择。从体制内到体制外，还有什么比甩掉"制服"更爽的呢？

（刚学会做衣服，袍子是最没有技术难度的啦！）

如今，距离品牌创立已经过去十个年头，这十年，穿衣服也经历了很多变化，准确地说是"进化"，又一次要忍不住感叹自己四十岁了。

四十岁真好，前所未有的自由、放松和不用努力就能达到的幽默。

《霍乱时期的爱情》里，马尔克斯写老年达萨："她因年龄而减损的，又因性格而弥补回来，更因勤劳而赢得了更多。她觉得现在这样很好：那穿铁丝紧身胸衣、束起腰身、用布片将臀部垫高的岁月已经一去不复返了。"

做衣服是无中生有

不久前贝壳发给我一张她小时候的照片，照片里她站在小学教室门口，穿着一件黑白格子马甲配紫灰色连衣裙，这身衣服一下子把我拉回二十多年前。

贝壳照片里所穿的马甲，是我第一次"设计"的衣服。记得应该是贝壳十一岁生日，我在纸上画了两套衣服，都是三件套。上身是一样的 V 领口马甲配西装，下身有区别，其中一套是给表妹的裙装，另一套是给自己的裤装（那个时候就注意到自己腿粗）。画好以后，去乡里的裁缝铺选面料，同时和师傅沟通。二十世纪九十年代的小山村，师傅大概是第一次面对一位自己画图的客人，而且还只是上初中一年级的小孩子。庆幸的是，看了我的图，问了些问题之后她说："可以的，我试试。"

量身定制的三件套，我们都穿了好多年。即使现在看来，这套衣服也不算过时，让我有点意外的是一个十二岁的小女孩，选择了那么酷的黑白格面料，那个年代不是流行花花绿绿吗？

　　初二那年，我和两位好朋友接到一个在当时特别重大的任务：主持全校文艺会演，还要跳一支小虎队的舞蹈。我们又画了一次"设计图"，这回是一条背带裤，比较特别的是前胸有一个大大的蝴蝶结。这一回我们三个坐着公共汽车进县城找当时最"洋气"的裁缝，还来回几次试版，最终呈现出想要的效果（尽管蝴蝶结没有我们希望的那么大）。九十年代初，三个小姑娘穿着那条紫色背带裤，踩着登山步出场，在台上边跳边唱：让那白云看得见，让那天空听得见，谁也擦不掉我们许下的诺言……（说到这里突然想起，前年我也做了一件后背有大蝴蝶结的裙子，原来一直有这个情结啊。）

　　时间再往前走，大约二十八九岁吧，有很长一段时间，我下班回家都会坐在缝纫机前"玩布"。花几个小时做一个口金包，为还没出生的孩子缝制拼布小被子，又或者给自己做一条下厨用的围裙。这些看起来特别"浪费时间"的事情，对我而言却是莫大的快乐，我非常享受一个人待在一个空间里，只与物品打交道的时光。说起来，我还真是一个只爱与事情和物品打交道的人，虽然那时做的是与人打交道的工作（主持人、老师），我也能够在各种关系里轻松应付，却并不享受这些工作的过程。做主持人的时候，收视率高，在大街上被人认出来，会有虚荣心被满足的快乐；做老师，迎面走过来一群学生恭敬地叫声"老师好"，也有被尊重的愉悦。但是，真的没有那么享受工作的过程。尤其做主持人，需要与各个工种配合，上场前与嘉宾寒暄（很多时候还是自己不感兴趣的嘉宾，出于礼貌要装出很好奇的样子），这些事情，并不好玩。

但是做东西就不一样了。从拿起工具和材料开始，整个人就特别自在，时间也过得特别快。

如果做一件事情，你希望得到的不仅仅是做这件事的最终结果，而是享受做事的过程，那应该就是热爱了吧。

有一天逛商场，我想买一双丁字鞋，小时候特别想要又没能拥有的那种牛皮鞋，最简单的款式。逛了半天也没选到

合适的，都太花哨。我就想，是不是可以画出来找人做呢？

我画了，但是手稿在那里放了很久，因为身边并没有一位可以做鞋子的朋友。直到有一天逛郊区菜市场，出市场的时候，看到路边一间小小的铺面，门面上只写了几个字"皮鞋定做"。我完全出于好奇走了进去，不到十平方米的小屋里，货架上摆着几双款式笨重老旧的皮鞋，有两位上年纪的顾客正在试鞋。铺面尽头，灰暗灯光里一位师傅正在忙碌。我对师傅说："我这儿有幅图，你能按照图片制作一双鞋子吗？"师傅接过我的手机，看了我拍下来的手稿，抬头大吼："这个简单啊！"

如今回想师傅的那声大吼，有一种神奇的感受：人生中很多重要的时刻，都是些在当时看来平淡无奇的瞬间。

鞋子最终做出来了。我穿上它拍了照，发到网上。没有想到的是，许多人看到照片后发表同样的想法：啊，就是我一直想要但没买到的那双鞋子。就这样，我开始一边在电视台上班，一边"做东西"。也是从那个时候开始，内心渐渐意识到，也许下半生我会做一些和"制作"有关的事情。

我亲手做的第一件衣服是一条连衣裙，当时对打版和裁剪完全外行，怎么做呢？我用了个最笨的办法：

1. 认真仔细地拆掉家里的一条连衣裙，除了拆线，不破坏一点点面料，这样就得到了几大块完整的裁片。
2. 把裁片放在一张纸板上，沿着边画线条，再沿画线剪下纸样。
3. 把纸样平铺在准备好的面料上，画线后放出缝份，沿画线剪下面料。
4. 缝制这条新裙子。
5. 把一开始拆下的裙子按原样复原。

就这样，我把一条裙子变成了两条裙子，最重要的是，通过这样一个过程明白了做衣服这回事。

选面料和配件，触摸它们，想象做成一件衣服穿在自己身上的样子，然后画图，与版师沟通，最后一件衣服诞生了。这个"无中生有"的过程几乎可以用"神奇"两个字来形容。

独自制作衣服这件事持续了很短的时间，我迫切需要找人来帮忙。先是说动了从小一起长大的邻居慧子，接着是表妹、好朋友、弟弟、弟媳……慢慢地，我们的"家族企业"就这样建立起来了。这些企业合伙人，差不多都是从穿开裆裤的年纪就在一起玩的人，小时候我们玩过家家，我最喜欢扮演的角色就是裁缝，贝壳最爱开商店。谁能想到长大了，我们还真就一起做起了衣服，开起了商店。

如今做的事和小时候没什么两样，还是感觉在过家家，玩伴也还是那帮人，虽然也有很多新朋友，但大家的相处方式还是像小时候一样简单，这真是一件值得一辈子骄傲的事。

衣服没有
我们以为的那么重要

　　有人说阳光房的衣服缺少"设计感"，我当这是表扬。我理解的设计不是标新立异，不是横空出世，设计应该包含很多常识和基本的原则。

　　我们愿意追求最不被人们注意的"寻常"。老老实实诚诚恳恳对待每一件具有"普通美"的衣服。在这个处处追求个性的时代，把"个性"隐藏在平常中。

　　做衣服是无中生有，任何创造都是。某一天对建筑产生兴趣，修一栋房子，是给人住的，通过建筑把人从自然里剥离出来，使人区别于自然界的其他生物。但同时又希望能让进入建筑里的人与自然产生更好的连接。好的建筑总是帮助人们离开自然，又回到自然。

　　衣服也一样，衣服并没有我们以为的

那么重要。身为一个做衣服的人，说出这句话多少需要点勇气，但真的就是这样啊。衣服是做给人穿的，衣服和人，人永远排在第一位。衣着和外貌的重要性被夸大了，一个人有魅力，往往是从她忘记外表和衣着那一刻开始的。

拍照的时候，每当我过分在意自己在镜头前的样子，拍出来总是别扭的。而当我彻底把"样子"放下，把"好看"放下，镜头才能捕捉到外表背后那个真正的、有灵魂的自我。这也就解释了为什么只有最亲近的人才能拍出最好的我。在他们面前，我没有一点防备，自然而然地接纳自己和周遭，可能不够漂亮，但也会让人忘记"不够漂亮"吧。

　　我想和你聊一聊我的妈妈，这还要从几年前我和我爸的一场酒后畅谈说起。

　　我爸来我生活的城市看我，我请他吃云南汽锅鸡。几杯酒下肚后，我突然问起："爸，你当年喜欢我妈哪一点？"

　　我爸喝了一口酒，咂一下嘴，停顿几秒，感觉他的思绪已经回到很多年前。果然，他眨了下眼睛回到现实，对身边的女儿说："这个啊，你妈是当时我们村最爱干净的人。她喜欢穿白衬衣。"

　　我心想，在那样的年代，一个农村女人每天下地干活，却穿最不耐脏的白衬衣。每天干农活会把衬衫弄脏吧，那就得经常洗。那时候可没有洗衣机，洗衣粉都没有，我小时候还用过皂角呢。物质匮乏，妈妈并没有很多白衬衣吧，那么仅有的两三件白衬衣一定洗得好柔软，面料表层磨出淡淡的绒毛……

嗯，妈妈是个爱美、勤劳、用心过日子的女人，虽然她脾气不太好，嗓门大，但这多半也是爸爸惯出来的。一个爱干净、穿白衬衣的女人，无论日子多艰难，生活都不会差到哪里去吧，因为她的内里总在向上、向美，渴望过一种清清白白的人生。

金子光晴有首诗叫《樱花》，是在哲学家鹫田清一的书里读到的，每次读浑身都充满了力量：

即使凋零

也不要忘记

作为女人的骄傲

作为女人的快乐

莫去扶起梯子，莫去提起水桶

莫穿脏了的裤子

我以为：用点心思把自己变美是一种礼貌，你有责任营

造一个美的环境和自身，这是你自己的需要，也是世界对一个人的基本要求，美是责任，美是尊重，美也是道德。

我知道哪些服装适合我，我也知道自己通过服装想传达什么信息。服装是我最好的朋友，有时候它帮助我在人群中脱颖而出，有时候它让我在某个角落身心安定，得以从容做自己。

了解自己的需要，了解自己的风格，懂得用服装表达内在。只要找对方向，就不必把潮流放在心上，因为潮流只是片刻浮云。

在穿衣服上，我们为什么不能跟别人一样呢？放下一定要将自己变得不一样的负担。衣服里的和平、民主以及为他人考虑的心，做到了，同样能带来美感。

有时候我们为自己穿衣服，有时候为他人穿衣服。那些用心聆听他人而不是只顾自己说个不停的人有不露声色的好心意，也许当时你不觉得她有什么了不起，可是事后想想，和一个这样的人做朋友，是很珍贵的事情呢。

所以，我们说追求风格，表面看来是在设计自己的外表。

事实上，风格有更多的底层逻辑。追求风格，绝不单单是为了彰显自我。从装点他人视线的思路出发设计的衣服一定很美。去茶室喝茶的时候，我们会想到茶室的环境、茶器的颜色和质感、桌上的插花……以此来考虑应该搭配的衣服，让衣服和环境搭配，也是一种有公益心的"普通美"。

总而言之，简单、随意、慵懒与"不在乎"只隔了一层窗户纸。花点心思在穿衣服这件事上，一个人的风格就体现在他与周遭环境的协调和细微的差异中。

在穿衣服这件事上，我还真是挺"以貌取人"的，并不是要穿得多好看、多华丽。我觉得一定要定义的话，这里的"貌"是一个人认真对待自己后呈现在他人面前的那份耐心和从容。

我见过最有风格的女人都比较年长，岁月如果是一把刀，那也是一把雕刻刀。经历让一个人丰富，时间使一张脸呈现内在的精神长相。生来就有风格这想法是完全没有道理的，风格需要练习，你应该去实践、去玩儿、去犯错，这能让你更轻松地驾驭穿衣服这件事。

今年夏天的西藏行，我认识了一个叫"嫣"的姑娘。见面没多久，她给我展示她的网站购物记录，是一长串远家衣服的购买记录。她说："已经好多年了，衣柜里有数不清的你家的衣服。"

她身上穿着的白裙子是去年夏天出的，有腰线但不收腰的宽松款，搭配黑色打底裤和马丁靴，背一个牛皮双肩包，长发飘飘，温柔又帅气。

我问她："为什么喜欢我家衣服呢？"

"你家衣服第一眼看不觉得惊艳，但买回家特别适合穿，不是那种特别休闲的，周末穿没问题，上班穿也不觉得奇怪，但又和日常通勤装不一样。"

"还有，你家的模特有好几个，每个人都不一样，她们让我觉得我也可以。"

我被这深深的"懂得"感动。我们一直在做的，就是这样的衣服呀。

做衣服给别人穿，当然也给自己穿。我们想穿什么就做什么，然后凭这件衣服去找到和我们一样的人。对于"给自己做衣服"这件事，当然会怀着满心的热爱。而面对喜欢远

家衣服的这份"懂得"，我们想要把感谢和珍惜都缝进衣服里。

远家"模特"都不是专业的模特，我们就是生活中的你我他，不完美但足够鲜活。做模特最多的小鱼，本职工作是远家产品经理，领唱是视觉部负责人，李慧是设计助理，贝壳是小个子的远家掌柜。这期新品我们出男装了，穿着蓝染T恤站在镜头前的小伙子，是新来的办公室主任。

每次上新，团队都认真拍照、定外景、想主题、找灵感……但我们总在避免精致和光滑，那种特别"生"的东西希望一直保持下去，我们希望表达出衣服在日常生活中应该有的样子。

是的，我们做的是"日常的衣服"。

时间的哀愁

哲学家鹫田清一谈到关于人的面孔："没有时间的折磨，没有时间的哀愁，也没有时间的伤痕。这样的东西，恐怕不能算是一张面孔，只是一具无名的肉体，一具不属于任何一个人的肉体。"

衣服也如此。穿久了的衣服，面料上起一层短短的绒毛，和人体上的汗毛有七八分相似，也许那也正是衣服用来呼吸的渠道。喜欢卷袖子的人，手腕处的布料会有对于卷起高度的记忆；经常系上又解开的扣子，扣眼会松弛到一个可供扣子圆润滑脱的程度；就连后脖颈衣领内侧扎人的商标，也会逐渐变得毫无存在感。

他又说："穿旧的衣服常常让我们感到时间的沉淀，即便它本身并不特殊，也并非出于某知名设计师之手。时间的沉淀，让衣服拥有了面孔。"

也就是说，衣服和人一样，都拥有自己的"面孔"，而让这张面孔区别于另一张面孔的，是时间和经历。

有天晚上下班回家的时候堵了很久的车，下车走路，不远处走来和我穿一样衣服的女孩，是那件蓝底的喜鹊袍子。姑娘低着头行色匆匆，我独自与她相遇又离开，车水马龙的街头，心里笑开了花。"松弛又沉静"，说的就是此刻吧。

一次新书读者见面会，一位顾客（也是读者）来参加，结束的时候主动走上前来问我住哪个酒店，说她可以送我去酒店。我跟在她后面，看着她穿一件黑色风衣好看的背影。这是我做的风衣呀，可此刻看来，像是别的一件衣服。衣服穿在她身上，有了更为生动的表情，属于她的味道和气场。

很多时候，我穿上一件自家的衣服去见朋友，她们都会说，哎呀，这件衣服你穿上怎么比在网站上看到的好看多了。我想这不是她们在批评我们的服装照片拍得不够好，旧衣服就是比新衣服好看呀。我穿出去的衣服很可能被我穿了多次，拥有了属于我自己的褶皱，变得柔软，也可能有那么一点点褪色……

没错，我们的身体会配合衣服发生变化，衣服也会在不同身体外形成自己独有的样子。

"时间渐渐风化，人体就是风化后的痕迹。"风格不仅是我们穿的服装，也是我们行走的仪态、微笑的方式、眼里的光彩。有时候风格还是一种超越话语的"语言"，它让我们在人群中一眼找到同类，即使不说话也能达成交流。

抹去时间痕迹的脸面和身体就真的美丽吗？没有时间的折磨，没有时间的哀愁，也没有时间的伤痕。这样的东西，恐怕不能算是一张面孔，只是一具无名的肉体，一具不属于任何一个人的肉体。

衣服的老化与褶皱也可以不那么单纯，将时间缝入其中的设计完全可能成立。

为了显得年轻穿衣服，反而会让心变老。好看与女性魅力是两码事。我希望远家制作的衣服也能达到这样的效果，一件新衣服没有"新气"，穿上它，让你觉得你在过去某个时间早就拥有了它；又像遇见一位老朋友，无须寒暄，一个会心的笑，不说话也不会觉得尴尬。

村上春树在一本谈写作的书里说过一段话："我就是一个比比皆是的普通人，走在街头并不会引人注目，在餐厅里大多被领到糟糕的位置，如果没有写小说，大概不会受到别人的关注，肯定会极为普通地度过极为普通的人生。我在日常生活中几乎意识不到自己是个作家。"

读这段的时候，我还挺有共鸣的。我也是个普普通通的人，总是被幸运之神眷顾，被身边的人爱着护着。走到今天，偶尔也被人说"不一般"，大多数时候还是"很一般"，且能接受并学会享受这"很一般"。

实在应该好好珍惜啊。

其实还挺享受在人群里安静做自己的感觉。如果某一天穿了件特别好看的衣服，出现在某个场合，大家围拢过来感叹："哎呀，你今天这件衣服太美啦！"那我会有点不自在。

一桌饭局，总有一两个特别出挑的朋友，他们光彩夺目，不仅讲话有趣，而且能掌控话题进度，让所有人跟着他们的节奏走。我显然做不了那样的人。我是哪种呢？坐在角落观看，偶尔说几句话，一定是自己想说才说的。享受表达，也能静下来倾听，就是一个看起来很一般的人。

不
一
般
的
普
通
美

如果可能，我希望自己传递出一种普
通的美，是人群中那个不耀眼，但是舒服
的存在。

穿衣服是对自己在公开场合形象的构
思和演绎，一个人选择的衣服会直接暴露
他在人际关系上的品位，以及他与社会保
持距离的尺度。有人尽量选择不惹眼的着
装，有人却偏爱奇装异服，喜欢接近朋克
风、惹人侧目的衣服。

用心挑选衣服也许是为了在人群中脱
颖而出，也许是为了遁形于茫茫人海。人
有时会注重与他人的差异，有时却把自己
塞进人人都穿、与制服无异的衣服里。无
论如何，服装必然会体现穿衣者的社会意
识，以及穿衣者希望他人眼中的自己呈现
出的形象。

有人说，时尚就像时代的空气。何多苓在《天生是个审美的人》里也说："无视潮流是很容易的，超越它却很难。"

处于这个时代，是我们无法回避的事实。"时尚"就是时代风尚，了解它，审慎地参与它，与它保持一定的距离，足够清醒地面对它。

穿对了衣服，我就想好好做人

迄今为止我印象最深的一句顾客评语是：穿上你家的衣服，我就想好好做人。

我理解这感觉，当你拥有一件喜欢的衣服，就像认识一位欣赏你或你欣赏的朋友，你总希望自己变得更好，以"匹配"这份欣赏。

所以，可以这么讲：一件适合自己的、美好的衣服鼓励我们去做最好的那个自己。

我记得小练四岁的时候，我带她去云南找我的好朋友望野，望野在云南乡下建了一座木房子。那天阳光明亮，田野上有燕子在飞，远处山峦起伏，近处是平静的洱海，当木房子出现在我和小练的视野里时，小练大叫起来，她说她好喜欢木房子。木房子是望野四处寻觅废旧老木料一点点

搭建起来的，就在一片田野的尽头，房前的草地上有只狗在玩乐。小练被眼前的美景震慑了，她又问："木房子和人一样吗，有生命吗？"我想了想回答她说："这房子是望野投入了她的爱和时间搭建起来的，在望野眼里当然就是有生命的。同样，如果你爱一样东西，这样东西就是有生命的。"

从这个角度来说，衣服也是有生命的。所有投入了情感和时间的事物，都有自己的生命。

初三那年我妈给我织了一件鹅黄色的羊毛衫。还记得羊毛衫即将完工的那个星期天下午，我等着妈妈收完针打算穿上它去学校报到（我那时住校）。妈妈织啊织，太阳快落山了，终于听她说一声："好了，试一下。"我穿上之后发现，妈妈用的棒针质量不太好，金属外壳的颜色脱落下来，把鹅黄色的毛线染脏了，穿上衣服就看得见这里一块发黑，那里一块发灰。没办法，只好脱下来洗干净，毛衣挂在院子里晾晒，我拿出一把大扇子使劲扇，想快点干。妈妈说："你下周再回来穿嘛。"我哪里等得了，一小时后，天擦黑了，毛衣还在滴着水，我就穿着滴水的毛衣走一小时夜路上学去了。

那件毛衣织得很大，我穿了很多年，穿不下的时候又送给了表妹小贝壳。

这就是"物质的精神性"吧，一件毛衣，有时间和情感的堆积，还有爱和祝福。

同样，一件商场里挂着的衣服只是物品，但如果用自己挣来的钱买下它，拿回家搭配别的衣服，穿上它去见朋友、工作、谈恋爱、阅读……让它和我们一起去经历爱恋悲欢，你怎么能说这件衣服仅仅是物质属性的衣服？和挂在商场里的时候相比，它有了生命，也就是说拥有了"物质的精神性"。

反过来想，如果"精神"是一把钥匙，那我们要用它来打开的是物质世界的门。一个人精神世界的构架完成了，在面对物质的时候就有了一颗恒常的、稳定的心，既懂得爱物惜物，又知道适度拥有。

准备一场主题是"优雅"的演讲，听
者大多是女性创业者和政府机关公务员，
主办方在活动预告推文中用一句"高跟鞋
在左，奶瓶在右"介绍我。

演讲前一天晚上拿出一双好多年不穿
的细高跟鞋，心想人家都这么写了，几百
人的场合，又是这样的主题，怎么也得隆
重些吧。

早上临出门，还是把高跟鞋扔掉了。
踩着平底鞋，白 T 恤扎在蓝染裤里，就
这么上场了。

什么是优雅呢？这个词很大，但我想
优雅的前提是要自己舒服。现在的我早就
穿不惯细高跟鞋了，有心理负担，上台的
时候会担心自己摔跤。本来当众讲话就紧
张，还给自己制造个负担，那不就更"话

都不会说了"。

再回过头想，优雅应该是先搞定了自己，再去处理自己和世界的关系吧。

一位朋友问我一个问题：谁是你心目中最优雅的人？我说是我奶奶。

奶奶今年九十岁了，我从没见她跟人急赤白脸过，对谁都温和有礼。瘦瘦小小的个子，做什么事都轻轻地，从不唠叨，是一个完全不需要存在感的老太太。但不管她如何安静，没人会忘记她就在那儿。

十多年前我弟送她一只银手镯，她戴上就再没取下来。手镯被她戴得好看极了，光亮柔润，搭配她古铜色的皮肤，古老又有生机。我每次握住她的手，捂着镯子就不舍得放开。她也就眯着眼睛、抿着嘴回应我，她的手松弛又有力，温度刚刚好。

她就是那种把自己的身心安顿得特别好，也能无条件向

周遭释放善意的人。看到奶奶的状态，我会不自觉地感叹：人生还是有希望。

一个温和的人才可能优雅。反叛是一个人想"做自己"，是在追求个性，但一个做自己做得比较顺利的人才是随和的，看起来才能优雅。

另外，自信的人才会优雅，一个自卑的人在一个自信的人面前，多少会觉得自信的人嘚瑟。换句话说，一个自卑的人是不太容易"见好"的，潜意识里想挑刺，为的是维持自己那点可怜的自信：你看，他在某些方面还不如我呢。

李娟在《阿勒泰的角落》里有段文字令我印象深刻：

她脚步自由，神情自由。自由就是自然吧？而她又多么孤独。自由就是孤独吧？而她对这孤独无所谓，自由就是对什么都无所谓吧？

愿你习得优雅，也拥有放松和自由。

服装里的仪式感

我们的品牌每年都会做"年味"系列服装，到今年已经坚持了十年。仿佛是要把过去这一年积攒下的"喜庆"连本带利一次性用光，反正都到春节了。

红色当然就可以大张旗鼓地使用了，红色变成了仪式，也变成了对自己的奖赏，任性又隆重。

说到仪式，我曾经在《丰收》这本书里转述过博物学家巴尔特拉姆记录下的一个印第安人部落圣礼：

在收获第一批果实那一天，全族的人打扫房子，集中所有可以抛弃的旧东西，把垃圾和旧东西一起倒在一个公共的空地上，用火烧掉它们。人们禁食三天，全部落的人都熄了火。禁食之时，同样也禁绝了其他满足。同时，大赦令宣布，一切罪人都可以回部落来，重新开始他们的生活。

在第四天清晨，广场上生起了新的火焰……

这是我所知道的最真诚的仪式。这样的仪式显然不可能在当下发生了。现在各种仪式挤满我们的生活，某家店铺开业，某个电影节颁奖，某个人物的生日会，感动×××的人物评选……人们精心装扮外表、酝酿说辞，小孩子们唱着他们不太明白的颂歌。

但很少再有那种由仪式带来的庄重和敬畏了。虽然我们还有春节，但春节也只剩下大吃大喝了——早已过了物资匮乏的年代，却还没有建立起在精神世界里的秩序。

怀念小时候过年穿新衣（一年也就只有过年这天才能有一身裁剪合身的新衣服）。至今还记得小时候穿上新衣服，提着一串鞭炮在村子里晃荡的喜悦。所以，我们想在每一次的年味系列上架之时重温小时候的欢喜，像个孩子那样对事物保持单纯的爱，深深地浸入、真实地拥有这一刻的生命。

越冷越要热烈、越落寞越要欢庆、越孤独越要丰富，愿每个悲观主义者的心里都开出倔强而高傲的花朵。

我想做给普通人穿的衣服

二〇一五年，远家做了一场服装发布会，主题叫作"女朋友们"。"女朋友们"这四个字我特别喜欢，最开始说起这个名字的时候，是计划用于我们三个女朋友即将出版的一本书，把它作为书名。但是书还没出版的时候就做了发布会，一切就这么自然地发生了。

我觉得这四个字特别好玩。它有一点幽默的气息在里面，又有那么一点女性主义，不是很极端的那种女性主义，却有很多想象的空间。我们的这次发布会就是一次女性的聚会，和女朋友们一起刚刚好。

这场发布会不同于我们想象中的那些服装发布会。其实我自己很少参加服装发布会，我也不知道一场服装发布会到底应该包括哪些元素，只是按照我们对服装、对一场女性聚会的理解，凭着直觉就来做了。

发布会设置了一个很重要的环节，邀请一些女嘉宾来做关于女性成长的主题演讲。她们大都已经有了孩子，当了妈妈，不再是小姑娘了，但是每个人都有自己特别女孩子的一面，她们从来都没有放弃"自我的成长"。

菲朵是一位女性摄影师，她镜头下的女性各有其美，但同时都有她本人那种独特的气质、那种温柔沉静的力量。她讲到女性的眼睛，女性怎样通过书写、摄影来疗愈和成长。

Yoli 是一位水彩画家、独立教师。演讲那天，她抱着自己才二十八天的儿子星贝来到台上，讲画画给她带来的力量和成长，她给我们展现的是一个母亲的形象，一个在成长当中非常勤奋、非常努力的女性的形象。

第三位嘉宾是丸子，她和她的先生经营一个以家庭和亲子为主题的品牌"丸家"。她的故事呈现出一种日常生活之美，她的家庭给她带来的力量，孩子给她带来的力量，她所说的"让梦想为生活买单"是非常接地气的一段宣言。你会看到女性在找回自我的同时，也可以拥有那么完美的家庭生活。看到她会觉得生活非常美好，家庭生活也有它非常吸引人的地方。

孟想，我觉得她有一点儿神秘主义，她是《心探索》的创始主编，也研究塔罗牌、占星和星座。我觉得每一位女性身上其实都有这种跟自然、神性、神秘主义的连接，而孟想是这当中特别有代表性的一位，所以她的出现让这个演讲有点儿神秘主义的气息，也有很强烈的女性气息。

宁曼丽是我去贵州丹寨的时候认识的一位染布人。她带领丹寨的那些画娘一起做蜡染，做了好长时间。在那样封闭的一个地方，她给当地的人带去了希望，同时把这种传统的手艺通过一种现代的方式保存了下来。我第一次去丹寨的时候，坐在车上听她给我讲她和画娘的故事，非常感动。那时候就想，如果有机会，我一定要请曼姐到城里来，跟所有的女性分享她认识的那些画娘，还有她的工作、她的经历。

陈奇是明月村的村主任。她讲的是一种希望，一种未来可能出现的生活模式：我们可不可以生活在一个和自然、和故乡有更多连接的地方，在他乡种下一个故乡。她讲的内容

也是我特别想要表达的东西，因为远家也在明月村建设自己的故乡，建设草木染的工坊。她讲到明月村的缘起、发展，未来的乡村生活是怎样的，女性在乡村生活里能够扮演什么样的角，等等。

这几位嘉宾，虽然她们各自的经历不一样，但是她们都穿着远家的衣服，讲到各自的成长。这个场景在我梦中出现过很多次，一直期盼可以真的呈现出来，如今达成所愿，感激她们的认真准备。

发布会当天我说，年轻的时候你会崇拜向往那些特别遥远的东西，但是到了一定的年纪又发现，最值得你学习、尊敬、佩服、想要靠近的人，其实就在你身边，身边这些非常优秀的女性，应该让更多人听见和看见她们。

主题演讲之后的发布会也做得特别好玩，我们没有一个专业的模特，我们请来上台走秀的这些女性，就是真真实实的"穿远家衣服的人"。她们来自不同的职业，有办公室白领、企业高管、和我们一样在创业的人，也有没有上班的全职妈妈，每一个人都是真真实实活在这个世界上的。她们如果有孩子，就带上自己的孩子。如果她们愿意带上老公，老公也参加到了模特的队伍里。我们的发布会有一种把生活放大在舞台上给人看的感觉。

这完全不同于通常的走秀，但我更想看到的就是这样的状态：人和衣服成为一个整体，衣服就像是人的皮肤一样，人穿上它，就成了一件流动中的作品。所有的模特就是真实的人，她们下定决心要来做阳光房模特的那一刻，美就已经产生了。

美不是说你要长得多完美、多漂亮，不是说你的身材要多好，而是由内而外生发出一种自信、一种对生活的爱、一种积极的东西。哪怕你是害羞的、紧张的，但是你也是真实的、真诚的，是在袒露自己。

我不想把衣服做得有多漂亮，我只是想让衣服变成人需要的一个东西。衣服和人，人当然才是最重要的。

"外观的美丽是一件没完没了的事，不能过于执着。琢磨过多，就会生出不安全感。只有当这个念头止息，真正的美感才会出来。"作为一篇写在新衣服预告里的文字，引用胡因梦这句话似乎是不合时宜的，但这句话确实表达了我心中所想，也是我希望通过品牌得以实现的愿景之一。

当"好看"不再成为负担，我们可以腾出精力来做更多值得做的事。穿衣服不是为了取悦别人，第一要义是舒服，是身心放松，是物我两忘。

生命在时间维度上是有限的，纠结于好不好看，在穿衣镜前踌躇不前总是可惜，不如把这个时间用来听花开的声音、阅读、书写、远足、和相知的人促膝……

年岁见长，身处这物质过剩的世界，我们更希望一件新衣服在气质上是"旧"的：仿佛在过去的某个时光里，你早就拥有过它。像一位多年未见再次遇到也不觉得陌生的老朋友，没有尴尬，不需要刻意。

我记得那天发布会之后，打开微信看到我们工作室员工的微信群里面有一位做衣服的工人（他没有去现场，在工作室看了电视直播）在群里发了一段话："我今天有当初看奥运会那种激动的感觉，看到自己亲手做的衣服，被这么漂漂亮亮地穿在那些模特身上，然后在舞台上展现的时候，我有一种想流泪的冲动。"

看到这位工人这样说，我也特别感动，觉得在做衣服的过程里面：先是由设计师设计出来，然后是制版师、样衣师、裁剪工、缝纫工……经过不同的工种做成一件成衣，最后交到一个真真实实活在当下的普通人的手里，她穿这件衣服走了出来。这个过程我们都经历了，也看到了。参与这个过程的所有人，其实在那一刻都应该是幸福的，那是我们自己的"奥运会"，每一个人都会有想流泪的冲动。

二

日常的衣服

与草木有染

　　我是在二〇一二年初第一次接触到草木染色的，那年春天随《中华手工》杂志去日本进行为期半个月的工艺考察，在京都乡下一间染色工坊里学习扎染。当我们把处理好的布料扔进染缸的那一刻，我感觉到了一块布的生命，在染水与面料的互动和吐纳呼吸中，有时间无法操控的、特有的重量，那感觉太好了。

　　那之后我开始相信：时间与触感的厚度，就在制作一件衣服所承袭的传统中。

　　传统的印染面料印有时间的痕迹。换句话说，经过草木染色的布是有面孔的。正因为如此，我们正视它的时候才会有心灵的触动。

　　在快节奏的时代，消费快、浪费快、批量化的工业生产、便捷的化学染色，每一件产品不仅快，还"标准"且"完美"。但人从来不缺乏反思，当过度的工业化给地球和人类带来伤害，当"完美"变得冰冷，我们又开始向往自然与温度了。

草木染是手工活，从发酵捣染到着色晾晒，人做一半，时间做一半，所以它慢；制作的过程受温度、空气、时间影响，每一件都不一样，所以它灵气、有温度；草木染必须在纯天然的面料上才能着色，从自然中来，完成使命，又回到自然中去，所以它有生命力并且环保。经过草木染的产品，即使随着时间的流逝会褪色，即使偶有染色不均的瑕疵，也会自带一种"来之不易，请珍惜"的分量。

日本行之后，我约同事们去了台湾，在当地有名的卓也小屋和天染工坊学习，主理人在知道我们的来意后，说了一句：你们应该去贵州啊。

后来的人生里有多种际遇，我终于和几位朋友一同去了贵州。

贵州丹寨，走了那么多路，好像就是为了有一天回到这里。

刚到丹寨的第一个夜晚，在染坊吃饭，画娘的歌声淹没了整个雨夜，晚饭结束走到大路口还听见染房里传来的歌声。除了山歌，还有《老鼠爱大米》——她们唱给客人听，也唱给自己听。她们劝客人喝酒，自己人也互相劝着喝，喝着喝着就唱了，唱着唱着又喝了。喝酒唱歌的时候，蓝染面料从天井垂下来，画娘的小孩在楼梯口端着饭碗。同行的朋友说，这是一生难忘的夜晚。

听染房负责人曼姐说，她们就是这样的，会说话就会唱歌，就如她们天生会画画——那些繁复的图案，从小画到老，不用尺子，不打草稿，一气呵成，每一幅都不一样。

染房里最大的画娘叫王优里勒，今年七十三岁了，没有上过学，只会写自己的名字，但她的画美得让人惊叹，繁复又天真。曼姐说，年轻的画娘里很难找到画成这样的了，"因为她们的心再也没有老阿妈那么安静"。

老阿妈作为非物质文化遗产传承人，三年前跟着曼姐去了深圳。下火车的时候是晚上，城市里灯火辉煌，一辈子没走出过山寨的阿妈看呆了，她说在很小的时候，妈妈告诉过她天上的样子，到处都是星星和夜明珠，她觉得自己终于来到了天上。

一个多月前的一场意外，老阿妈失去了心爱的女儿，二十天后她就回到了染房。送她回染房的儿子说，只有回到这里她才会活得开心点。

老阿妈的蜡画，画好后染色就是我们常见的蜡染，但染色前的样子已经美得让人惊叹。很多人更愿意买染色前的蜡画，拿回家装裱了挂在墙上，因为这样的半成品看得见手工的痕迹，"有老阿妈的温度"。

我带去几件做好的素色衣服，说好要画的位置，画娘就开画了。第二天，下摆一圈年轮，好像衣服本来就长成这样似的。

染房里有很大一个染缸，里面的靛蓝水已经使用六年了，每天画娘们轮流照管染缸，给它喝酒（发酵）、加水、补充靛蓝膏，"它是有生命的有个性的，你不好好对它，染出的布就不对"。

靛蓝是用一种叫蓼蓝的植物熬制的靛蓝膏。我们熟悉的板蓝根就来自蓼蓝，用蓼蓝染成的衣服有杀菌、驱虫、除湿

的功效。在中国，蓝染已经有一千多年的历史。丹寨人世代用蓝草染布，用得最多的技法是蜡染，蜡染与绞缬（扎染）、夹缬（镂空印花）并称为我国古代三大印花技艺。"蜡"是用蜜蜂的蜂巢熬制而成，加热后变成液体画在布上，染色之后再高温去蜡，布面上就会出现留白的图案。

这最初的颜色，地老天荒，自然的意志和温柔都在劳作中呈现。蓝与白，突然之间，你知道了生命的来处。

二〇一五年，我和同事们在成都乡下一个叫明月村的地方建起了属于远家的草木染工房。从种植一株蓝草开始，到提炼染料，将大自然的美意呈现在面料上，最终做成一件穿在身体上的衣服。明月村美好的自然环境给了我们无数灵感和动力，去践行我们对于衣服和生活的理想。

在明月村，用大自然里的草木萃取染料，染棉麻布衣。染水在面料上自然流走，先人留下的智慧在今天闪光。

每一块布都是好的，每一个花纹都是美的，就像大树的分叉和结疤那样自然又独一无二的美。在采摘蓝草的时候，我们就是蓝草；在触摸布匹的时候，我们就是布匹；在把面料放进染缸时，我们也就融入染水……自我消失了，每个瞬间都在与什么相遇，都皈依于自然。

通过在乡村里的学习和生活，我们的身体里充满天地一样广阔的未知。认真染一块布，用心吃一顿饭，从乡村的智慧中获得力量，拥抱当下。

这个世界上有很多美景，壮阔的、苍茫的、精致的、婉约的等等，但是明月村跟所有的美景都不一样，明月村是日常的，甚至我们可以说它是普通的，它有一种普通美。

每一次我从城里出发，上高速，下高速，我的车一拐进明月村村道的时候，两旁是松树、竹林、油菜花田，我会突然有一种被安慰了的感觉。我想这种感觉就是找回了自己的生活，因为这里有生活本来应该有的样子，只是这种本来应该有的样子，已经被我们丢掉太久了。

除了自身产品的开发，我们还把针对普通人的"草木染体验课程"设在村庄里。其实学习草木染只是我们其中的一个课程，是一个通道，最终的目的是通过学习草木染，学习怎样走进最真实的生活。

一天里的每一个经历都是在学习，学习和同伴合作，学习去观察这里的自然、天气、植物，学习了解这些工具的使用，甚至还要学习怎样去吃饭。

到了傍晚，一天的学习结束了，我们会在田野间布置一场精美的火锅派对。在竹林和田野的映衬下，我们在一起狂欢，分享劳动之后的喜悦。之后我们又会进入一个很安静的状态，大家围坐在一起相互交流，进入思考、整理的过程。最后当夜深人静的时候，我们会拥有一个非常好的睡眠。

一个人如果处在一种简单的劳作里面，他的身体和心灵就是完全合一的，就是那四个字——"身心合一"，一种非常舒服的状态。事实上现在有太多人的身心是分离的，他们在做一件事情时可能想的是另外一件事，草木染的学习就是让大家把身体和心灵结合起来，回到当下，回到此时此刻。

这一天好像就是在经历人一生应该经历的东西。早晨像个婴儿一样对这个世界敞开，然后慢慢成长，由中午到傍晚，会有生命最灿烂的时候，也会进入暮年，进入一个总结、思考的过程。

"草木染"的字面意思是：用草和木这些大自然赐予的

材料为我们的纯天然织物进行染色。其实我们在进行这些劳作的时候，会对大自然生出更多的敬畏，也会惊叹于大自然的神奇，其实自然已经给了我们所有需要的东西。

没有打开那块布之前真的想象不出来，我们究竟会染出一个什么样的作品。有的是我们能掌控的部分，而有的是我们没有办法掌控的部分，这个也像人生，有时候我们会收获期望得到的东西，有时候也会有些意外，不管是好的还是坏的。

在明月村生活一天、两天、三天，甚至更长的时间，在我看来不是逃避、不是隐居，而是生活本来的样子。

在这里生活几天之后，不是说从此就要离开城市开始乡村生活，而是我们从这样一种日常的、普通的生活里面获得一种面对当下的力量，我们把这种力量收集起来，返回每天的生活里。

是大自然的丰沛馈赠和悠长岁月留下来的智慧，托它们的福，我们才能在这儿做自己。乡村生活有很多智慧，它们以不同的形式被留下来，被时光记载。我从这些不同的形态和言传里，寻找着最初的风景，找到了便置身其中，像触摸到了一种连绵不绝的时代传承，无声而壮大。一个天才独自的力量造就不了它，是无数时代里无数双手手手相传，在无数形状上留下的体温和情意。

　　穿上一件草木染衣服，要记得这是来自大自然的美好心意。面料和染色都是天然的，也就拥有一些天然织物的特性，比如手工染色过程中会因染色温度、空气、时间等差异，出现颜色不均的现象，每一件都不一样；比如容易皱，不太好维护，需要单独洗涤，会随着时间的推移慢慢褪去原来饱满的颜色。但如果你能正确认识，这些特性就不是缺点，而是礼物。

草木染衣物维护建议：

1. 天然草木染色，在清洗时会适当浮色，属于正常现象，切勿长时间浸泡。

2. 宜反面洗涤，初次清洗可用淡盐水浸泡三分钟，再轻柔手洗，阴凉晾干。日常避免与浅色衣服搭配。

3. 不穿时要清洗干净并晾干，阴凉、干燥、避光、避空气保存。常穿时挂衣柜里，换季用塑料袋密封保存。

白T恤，像早晨一样清白

白T恤恐怕是世界上最友好的衣服了，它没有性别，没有年龄，散发出民主的、平和的美。白T恤配牛仔裤，搭裙装、外套，几乎不会有任何差错。这么些年，每当不知道穿什么的时候，一件干净的白T恤能消除我所有的选择焦虑。纯棉的、亲切的，又是清简的，几乎适应任何场合。

穿好一件白T恤，就像用心把每一个普通的日子过出光亮。把所有的花哨都藏起来，如同飘着白云的天空，"一无所有，又给我安慰"。

好的白T恤首先是面料，太薄会透，不显质感，太厚则会硬邦邦，失去柔和的线条。

这些年，我穿得最多的白T恤面料是长绒棉。长绒棉也叫海岛棉，"长绒"

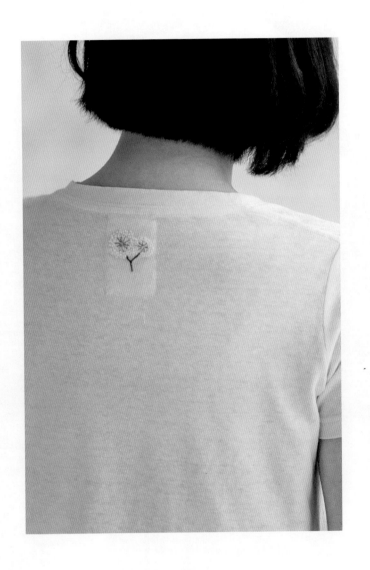

说的就是纤维长度，纤维长度 33mm 以上才算长绒棉。而我们平常说"纯棉"指的是细绒棉，纤维长度在 25mm—31mm。一般用在 T 恤上的长绒棉有两种：埃及棉和 Pima 棉。埃及棉有非常好的悬垂感，因此可以免熨烫，在衣架上挂一个晚上就不皱了，并且结实耐穿韧性又好，不像一般的棉织品那么容易变形。Pima 棉质感和埃及棉较为接近，秘鲁产的最为优质，优于美国，而美国产的又多优于亚洲产的。所以同样支数的纱线，埃及棉和 Pima 棉比普通棉花能纺进更多根纤维，成纱的强度更高、回弹性更好，也更耐磨。

另外，我也喜欢棉加上亚麻的混纺材料做成的白 T 恤，这种材质最好的一点是透气滤汗，还会有一点点说不清道不明的东方气息。还有棉和桑蚕丝的混纺，光泽度更好，但比较挑搭配。

板型也重要，无论宽大还是修身，好的板型和裁剪才禁得起细看。看上去"一无所有"的白 T 恤，细节处的用心才能呈现整体上不经意的美。螺纹口与面料的搭配、后肩织带的舒适度、合适的针距等，最终呈现出"这一件"和"那一件"的不一样。

如果想要一点点性感，试试露出后背吧

这些年，每年都要做一款露背的裙子，最满意的是一条拼布花纹后背V领的裙子，除了露背，还用朴实的蓝色拼布面料做了大大的蝴蝶结，沉静中有那么点"永恒的少女"的意味。

同事丽华也做了一款纯色棉麻露背裙，她把结打到了腰间，系在前后都可以，后背露出的多少可以根据需要调节。裙子还能反过来当V领穿，可上班可休闲，舒服自在又显腰身。

除开"怕风吹脊背受凉"的担忧，一件正面看起来很"中正平和"的衣服，转身能有那么点"惊艳"是很有趣的。女人的背很美很性感，我希望人们意识到这一点。

一直以来，都在做寻常衣服给寻常人

103

穿，没有想过要在"做衣服"这件事上多么"出格"，多么有"个性"，但并不意味着我就是一个保守无趣的人。追求一点儿趣味，就像做菜时在一道中规中矩的回锅肉里加一点点甜面酱，味道还是那个味道，但回味中有点小小的惊喜。

岂日无衣，与子同袍

"袍"这个说法最先出现在汉代，《墨子·公孟篇》所称："缝衣博袍"，就是指汉代一种宽大的外衣之袍。"袍"一开始只作为朝中人士的礼仪用服，后来逐渐深入日常生活，几千年来不断演变成各种款式。而现在说"袍子"则多指宽松且不收腰也不开扣的长上衣。

穿袍子的女人就像一棵树。一棵树不想被任何东西束缚，只是在四季更迭中自由生长，做自己。从小到大，我们都在按照别人的要求做一个正确的人，我们受的教育、工作、他人的眼光、对成功的渴望……这一切促使我们活得正确，穿衣服当然也不例外，我们尤其害怕在着装上跟别人不一样。

某一天，自我开始觉醒，不想当个乖孩子了，不想只为取悦他人而活了，这个时候，你也许会爱上袍子，会想用衣着来解放自己，你会觉得"还有什么比穿戴得规规矩矩更让人厌烦？"。

袍子通过去女性化走向更深层的女性意识。女性之美就在这灵动的、宽松的、若有若无的对身体的遮蔽和凸显中产生了。穿袍子的时候，可以不理会别人那一套规矩，活在"体制"之外，不被束缚在条条框框里，不畏被关注，也不畏被忽视。

有时候会觉得女人穿袍子就是在发出宣言：我不在乎你们了。脱下细高跟鞋，扔掉束腰带，袍子是叛逆的衣服，是一场关于女性身体的自我革命。当然，穿袍子的女人又是温和的，她们只是想温柔地、坚定地做自己。

旗
袍

每个女人的衣橱里应该至少有一件旗袍。可能一年难得穿几回，也可能只是偶尔一个人在家时，悄悄拿出来穿上，穿好后对着镜子仔细端详一会儿，想念一下过去的某个人某件事，然后脱下来，叠好，放回原来的位置，就像什么也没有发生过。

旗袍是有故事的衣服。

我有一位好朋友，她珍藏着一件二十世纪三十年代留下来的手工旗袍，那是她妈妈留给她的，黑色细密锦缎上点缀着红色的绣花。她妈妈也不是旗袍的第一位主人，几十年前，她妈妈的婆婆，也就是她奶奶，第一次见到儿媳妇时送出的一份心意就是这件旗袍。时间再往回走，奶奶年轻的时候穿着这件旗袍走进婚姻。

别小看旗袍，它有生命。女人的亲情、

青春与爱恋都投影在上面了。时代更迭中，旗袍是一代代女人人生悲欢的见证。

　　说起旗袍的发端，大多数人的印象是清朝旗服演化而来。但这只是一种说法，只因了那个"旗"字。事实上旗袍的流行，还有一个原因是清末民初男女平权意识的高涨，尤其在五四运动前后，女性知识青年在校园中"男袍女穿"，我们现在能看到这一时期的老照片，女性穿着的旗袍确实和男人的长袍区别不大：宽松，不收腰，衣领也没有后来的高。至于为什么叫"旗袍"，是因为后来的旗袍在衣领、袖口等细节上更多偏向了旗服样式，大家约定俗成就这么叫开了。张爱玲在《更衣记》里也专门写道："一九二一年女人穿上的长袍是发源于满洲的旗装，女子蓄意模仿男子穿着的结果，初期的旗袍样式是严冷方正，且具有清教徒风格的造型。"

　　服装的演变是社会文化精神、时代风貌等多方作用的结果。但不管哪一种原因，有一点是共通的：旗袍的出现有它"革命"性的一面，是社会思潮的物质显影。在旗袍出现之前，中国社会的女性穿衣服是上衣和下装分开的，只有男人

才能穿上下一体的长衫。穿上长衫（旗袍）的女人，就是新女性的代表。宋氏三姐妹还曾一起穿旗袍出现在公众场合，号召大家做新时代女性，引发关注和众多模仿者。

一开始，旗袍是作为女性的日常便服而存在的。女人们不论高矮胖瘦都可以把自己装进一件旗袍里。后来，旗袍越做越显腰身，样式越来越华丽，倒成了一些特殊行业从业者的专有。

改革开放后，旗袍再度回到日常，尤其在一些文学和影视作品加持下，它具有了某种"时间的美感"。从张爱玲的小说到王家卫的电影，再到近些年许鞍华执导的《黄金时代》，旗袍都是一个鲜明的美学符号。

穿旗袍的我，会更在意节制与分寸感，不只是穿上旗袍后的举止，也包括整个人由内而外的状态。我因为这一点而爱上旗袍，别看一件简单的旗袍，它给了我做一个好人的信心。

在今天，旗袍怎么穿才好看又不显得刻意呢？

不要穿太紧贴身体的旗袍，除非你今天要上台领奖或主持单位年会。生活中的旗袍最好让面料与皮肤之间相隔五厘米的空气。

我比较喜欢用混搭的方式，以冲淡旗袍过分的仪式感和某种制服气质（比如酒店迎宾）。首先是材料的混搭：尽量不穿传统花色面料制作的旗袍，真丝和绣花少用，弹力针织、棉麻等有出其不意的好感度，素色或格子、条纹也更显得简单大方和随意。然后是穿搭上的混搭：短旗袍加打底裤、旗袍配平底鞋都能起到很好的效果。春秋季节，旗袍配西装外套也比针织开衫更利索。

穿旗袍一般是在春秋季节，或者冬天的室内。但建议最好不买长袖旗袍，短袖、中袖是最好的选择。天气微凉就搭外套或披肩。如果实在喜欢长袖，也只能长到七八分，太长就没有旗袍本来的清雅气质了。

需要配饰吗？我的建议是越简单越好，那种绕脖颈一圈的大粒珍珠项链就算了。

外套风衣，风雨中抱紧自由

对风衣的第一印象在若干年前，Beyond乐队在台上唱："今天只有残留的躯壳，迎接光辉岁月，风雨中抱紧自由，一生经过彷徨的挣扎，自信可改变未来……"没错，黄家驹那时穿着一件风衣。

电影《卡萨布兰卡》中英格丽·褒曼穿着的中性款式的风衣，让许多影迷迷恋不已，从此"工装佳人"这个美好的称呼成了她的代名词。汤唯在电影《晚秋》里也把风衣演绎得特别好，风衣是有些男性气质的，所以一个长发女人穿出来，会有一种混合的、复杂的美，又洒脱又浪漫，还有点大女人。

风衣是一款可以给身体带来生动气息的衣服。穿风衣好看的女人，会给人独立、有主见的印象。

风衣也能给普普通通中规中矩的衣服带来神采。牛仔裤加上白T恤，外面套一件风衣，就算没有风，走在路上也是自由的姿态。在忽冷忽热的春秋季，一件风衣随意穿脱，风雨无阻。

风衣起源于第一次世界大战时西部战场的军用大衣，又被称为"战壕服"，所以一件传统的风衣是有"枪挡"的，也就是在前胸处多了一块布，为了耐受握枪瞄准的时候枪座与面料的摩擦。背部还有一块防水罩，也是因为战时需要。现在一些品牌的风衣还保留了这两个设计，但枪挡和防水罩会起到扩展上半身的效果，并不适合太胖的人。

不能选择长超过小腿的风衣，一是不方便，二是显矮。

如果你觉得风衣搭配细高跟鞋太成熟，那就试试平底鞋。

我的衣柜里有五件风衣，深蓝色两件，卡其色、军绿色和焦糖色各一件。

深蓝色的两件，其中一件面料是重磅铜氨丝，有垂感，

适合搭配通勤装；另一件是牛仔丹宁布，日式工装的效果。

卡其色风衣是基本款，有防雨功能，准确地说是一件风雨衣，带有可拆卸的帽子，非常实用。有一年穿着它在北欧旅行的时候收到同伴们艳羡的眼光，北欧天气多变，常常有突如其来的大雨，同行的朋友们要么带伞，要么随身背一件功能雨衣，收放不方便不说，还不好看。我这件雨衣呢，天晴的时候它就是一件风衣，下雨了也不用换掉，简直不受坏天气的影响。如果你希望自己的风衣好搭配，那最好选择基本款，尤其推荐卡其色，它值得你穿十年八年。

军绿色和焦糖色风衣是纯棉质地，同款不同色，为了搭配不同的衣服。可见我有多爱风衣。

永不凋敝的牛仔裤

我是裤子控，长度至少要遮住小腿，因为小腿粗。

阔腿长裤显腿长；七分裤露出脚踝，有不动声色的小性感；裙裤兼具了裙子的曼妙和裤子的方便。要说我最喜欢哪种裤子，当然是牛仔裤啦。

牛仔裤，还是旧的好。不是说那种在水洗厂一遍又一遍洗出"做旧感"的牛仔裤，而是买到一条喜欢的牛仔裤，经常穿，年年穿，越穿越旧，越穿越软，穿出和自己的身体相融的气质，穿出真正的"时间的质感"。

最先是在一八五三年加利福尼亚淘金热最风行的时候，有商人用滞销的帆布为工人们制作耐磨的工装裤，从此牛仔裤风靡开来。到现在，牛仔裤可以说是服装界里最平民也最民主的品类了。牛仔服装一般给人一种牢固、粗犷且精神抖擞的感觉，工作与休闲均适宜。

牛仔裤是一年四季永不凋敝的"明星"，我的衣柜里有专门的"牛仔裤专栏"，里面存放着这么多年"养"出来的牛仔裤。最早一条距今已有十八年了，用大学毕业后第一份领到的薪水买的。浅蓝、直筒、紧身、有弹力，裤子的大腿处有一次画画不小心抹上洗不掉的颜料，我还自己在上面手工绣了几朵花。除去生孩子前后身体变形，每年我都会翻出来穿几天。另一条五年前买的阿玛尼黑色牛仔裤，穿了两年嫌裤腿太长，我拿剪刀剪成了七分裤，为防止开线，又在裤腿的四个前后拼接处用红线手工锁边，现在的样子，完全是另一条裤子了。

同时我也发现，这么多年过去了，牛仔裤的样式也还是那些，所以，流行趋势不过是个兜兜转转的圆圈，不用太过在意。

牛仔裤本身已经很有"男友力"了，所以我不推荐大家穿那种过分松松垮垮的裤型。即使是宽松阔腿裤，臀部也一定要紧贴身体，显出腰身来。所谓"阔腿"，阔的其实是大腿下半截以下的部分。

紧身牛仔裤的选择也不要大意，千万不要让小腿肌肉的形状显露出来。所以过分有弹力少筋骨的面料尽量不选择。

传统的牛仔裤多是靛蓝色，但其实帆布色的牛仔更有别致的美。

我曾经见过一位七十多岁的老奶奶把一条牛仔裤穿得非常漂亮，所以，牛仔裤是没有年龄感的。不过除非是自己不小心穿破了牛仔裤，还是不要选择那种破洞设计吧，毕竟随着年龄增长，那种设计过于刻意了。

穿上连体裤，就想舒展手脚

带着几分趣味和幽默感的连体长裤也是我的爱。尽管它在上厕所的时候会给我们带来麻烦，但不用考虑上装与下装如何搭配，不是也节省了不少时间嘛。

电影《三块广告牌》里，弗兰西斯除了献上超水准的表演之外，还用一身工装裤的造型给人留下深刻印象，那种"一个人对抗全世界"的孤单气概，也多亏了连体工装裤的加持。

不同的衣服确实能帮助我们进入不同的心境。穿上连体裤就想做事情，舒展筋骨，把全世界踩在脚下。据说连体长裤的起源是飞行员跳伞服，怪不得呢，那种从高空往下纵身一跃的姿态，真酷。

连体短裤则来源于维多利亚时期的一种少女衣服样式。短袖、宽松的裁剪加上有点绑紧的短裤腿，在保证衣服透气性和舒适性的同时便于活动。所以连体长裤和短裤是两个相差很大的物种，当你想购买连体裤时，一定要想清楚你想要达到的效果是什么。

同样是连体裤，牛仔连体裤是工装气质，而碎花真丝连体裤就有点少女减龄感了。

工装连体裤搭配马丁鞋当然是最合适的，但也不妨试试反差美，一双漆皮"一脚蹬"会有意想不到的效果。当然，如果图方便，小白鞋是绝不会出差错的。

另外，试试穿纯色连体裤时搭配一条小方巾，系在脖子上，或者包裹住头发，都会很精彩。但要记得一定用纯棉或亚麻质地的，千万不要那种亮亮的真丝或桑蚕丝的。

赤木明登在《造物有灵且美》这本书里写道："每个人都有属于自己的足型和步态，基本已成型，人活着往前走，就只能把脚妥协给这样的鞋。而原本难道不应该是让鞋子去适应脚吗？"是啊，"鞋可是承载我们人生的重要工具"。

选鞋子最在意的前三位是：舒服，舒服，舒服。如果说穿衣服首先是为了取悦自己，那么选择一双舒服的鞋子就是在对自己说"我爱你"了。我们的身体最需要关照的就是一双脚，一双好鞋能让我们产生征服世界的信心。

我现在很少穿高跟鞋了，但也不是完全不穿，适度的跟高能让身体挺拔，提醒我们保持好的体态，但那种明星模特们在红毯秀场上穿的七寸高跟鞋还是算了吧。有时候在菜市场看到一些女人穿着高跟鞋，走路的步态像在踩高跷，真是为她们捏把汗，为什么要让自己的身体那么辛苦呢？

原谅我一生放纵不羁爱自由，还是穿平底鞋吧。

我的脚大，三十九码，细长，脚背高，遇到一双好穿的鞋子很不容易，遇到了就会特别珍惜。除去远家的自制鞋，这几年还发现一个德国手工制鞋品牌"Trippen"，就像是专为我定做的，买了好多双，从没失败过。

小白鞋是很友好的万能搭，但对于脚大的人来说，白色稍不注意就会显得脚更大。所以虽然对小白鞋有钟爱，但也不是随便一双小白鞋穿上都好看，我就穿不好大家都爱的匡威，但木墨出过一款有点米白的硫化胶底板鞋就很适合我。所以，人跟鞋子大约也是需要缘分的。

各类板鞋中我最推荐深蓝色帆布鞋，不知道穿什么的时候，通常选它不会错。

脚背高的人其实能驾驭乐福鞋（乐福鞋指的是无鞋带的

平底或低帮皮鞋），英文原词是"Loafer"，"Loaf"一词的本意指的是一种闲散的生活方式，而"Loafer"就代表着一群拥有这种闲适自在的生活态度的人。乐福鞋原本只是男性休闲鞋款中的经典款式，渐渐也在女鞋中占据重要位置。

老爹鞋之类的运动鞋也适合混搭各类衣服，但建议不要买那种过于鲜艳夺目的款式。

靴子，尤其是长靴，其实挺挑人的，我会比较慎重选择。

少年锦时　衬衫

最经典的当然是白衬衫，像早晨一样清白。

从二十世纪二十年代，可可·香奈儿女士在男装中汲取灵感设计制作了女士衬衫到今天，白衬衫从来没有退出过日常衣服的大家庭。《罗马假日》里的赫本，《低俗小说》里的乌曼都把白衬衣穿成了永恒的经典。再往近了看，戛纳电影节上的巩俐，白衬衫和黑裤的简约造型，举手投足间，既优雅又性感。

白衬衫就像画布，可以和任何单品搭配。越是基本款的衣服，剪裁和面料就越重要。比起白 T 恤，白衬衫还要更讲究。保险经纪人和知性女人之间，可能就只隔着一件没穿对的白衬衫。

个子小的姑娘，白衬衫不要大领子，

不管是尖领还是小圆领，领子都越小越好。胸部丰满的姑娘，胸前要避免多余的细节。胖一些的姑娘，选择宽松款比较友好。扣子解开两颗，呈现 V 领效果，能在视觉上拉升脖颈；也可以在衬衫内搭吊带，这样扣子能解开三颗。

如果觉得白衬衫不衬肤色，可加项链、围巾或丝巾。

穿白衬衫一定要穿对内衣。肤色内衣比白色更适合有点透的白衬衫。轻薄的白衬衫要避免穿蕾丝胸罩，凹凹凸凸的花纹若隐若现，很败好感。

把衬衫两边下摆合起来打个结，或者把一边下摆扎进裤子里，都可以营造随意的宽松感。如果喜欢随性的"工装风格"，试试把袖子挽起来到手肘，再往上就不对了。

我们再试试其他颜色的衬衫吧。我喜欢本麻色、咖啡色、军绿色、深蓝色，每个颜色衣柜里至少有两件。材质首选是纯棉，然后依次是亚麻、苎麻、棉麻混纺、丝麻混纺、真丝。

纯棉要选择高密度的，有型，但越穿越柔软。

亚麻衬衫千万别熨烫，要的就是那种皱巴巴的感觉，所谓的"落拓"气质。

美丽的布，有感动人心的力量

身为设计师，灵感不是凭空而来的，很多时候，是用手触摸面前的这块布，才隐约看到那件未来的衣服。

我的两个女儿，名字分别是练和素，练和素在古代都指白色的绢，练是熟绢，素是生绢。可见我对布有多偏爱。

一块美丽的布有感动人心的力量。面料和人一样，也有它的脾性和情绪，触摸到了，找出来，用适合它的方式进行加工创造，就仿佛是把一件本来就存在的衣服呼唤出来了。

如果说麻是粗陶，那真丝就是上过釉色的瓷器，而棉介于二者之间，是更中性的存在。

不同的面料穿在身上，感觉也很不一样。对我而言，丝绸像爱人，棉布是朋友，

而麻像极了那个外表温顺、骨子里倔强的自己。

身为穿着者，对某种面料的偏爱也是风格的起点。

哪个女孩不爱花布呢

小娟有首歌叫《红布绿花朵》，唱的是一个漂亮姑娘要出嫁了，用花布给自己做衣裳，那种雀跃的心情。"一块大红布哟红布绿花朵，花朵朵朵笑哟花朵朵朵笑……"

但花布单看好看，却并不是穿在任何人身上都好看。花布挑人，挑款式，做衣服的花布，花纹本身也是要挑的。

太花的花布不适合做连衣裙，尤其长裙。太碎的碎花可以作为点缀，但要足够精彩，比如一件搭配单色西装只露出衣领的衬衣、一条方巾、一个发圈。

花布已经很"花"了，衣服款式就要尽量简单，如果有细节，让细节藏在看不见的地方。

麻

　　麻是用各种麻类植物的纤维制作的布料。主要植物有亚麻和苎麻，另外黄麻、大麻、剑麻等也在一些国家和地区广泛种植使用。亚麻是适合在北欧等微寒地区生长的植物，是人类最早使用的天然植物纤维，距今已有一万年以上的历史。苎麻也称为"中国草"，长在我国高温多湿地区，有"天然纤维之王"的美誉，它的纤维十分坚韧，不易腐蚀，也被叫作"软黄金"。二〇一九年我在摩洛哥买到过两张用剑麻纤维制作的披肩（盖毯），光泽度很好，但不及亚麻、苎麻触感细腻。

　　麻纤维比棉结实，也比棉有更高的光泽度，有筋骨。优点是凉爽，散热快，吸湿放湿速度快。麻很适合制作夏天的衣物和寝具，我家里的床品大部分是麻制品，即使在冬天，我也喜欢在麻质被窝儿里醒

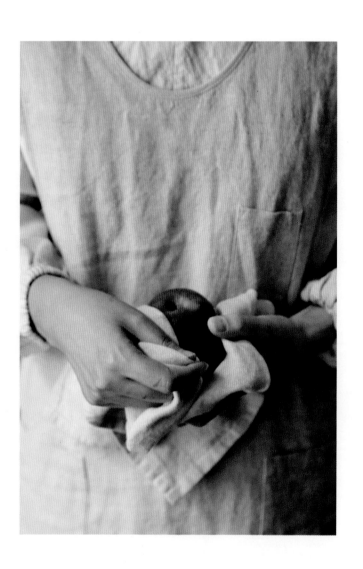

来。在色彩上，布料所拥有的原始亚麻色就很好，染上靛蓝又更沉静几分。

至于衣服，麻质衬衣是首选。袍子也很适合用苎麻或亚麻。选择麻质衣服的时候，一定要注意宽松度，因为麻料的一大特性就是容易皱，回弹性差，如果紧贴身体，穿一天下来，面料会随身起褶皱。但如果有宽松度，褶皱就从"特性"升级成了优点。在袖口、肩部因人体动作出现的痕迹是很好看的。所以不要总想着熨烫一件亚麻衬衣，想穿得直挺，就不要选麻质的。

丝

意大利著名作家亚历山德罗·马里科（《海上钢琴师》的原著作者），写过一部小说叫《丝绸》。讲的是十九世纪中期，受法国丝绸商人所托，一位退役军人离开爱妻，赴日本购买蚕种，到日本后被一位贵族的小妾所吸引，尽管两人语言不通，但宿命一样的爱情还是开始了。小说里多次提到了丝绸，像一个隐喻，丝绸就是那微妙的情欲。

丝绸最先出现在中国，并开启了世界历史上第一次东西方大规模的商贸交流，史称"丝绸之路"。从西汉起，中国的丝绸不断大批地运往国外，成为世界闻名的产品。在古代，制作丝绸是一项艰苦的工作，一块丝绸的获得，从养蚕开始，要经历缫丝、织造、染整、精练、漂白、染色、印花等复杂的过程。"遍身罗绮者，不是养蚕人"，养蚕人大多穿棉麻吧，一是因为丝绸昂贵，二是丝绸并不适合劳作时穿着。

丝绸也分很多种，每一种有它独有的特点，了解得越细，越知道自己适合哪一种。

素绸缎。丝绸面料中的常规面料，缎面光亮，手感滑爽，组织密实。视觉上有很自然的光泽，在触觉上手感柔滑、细腻，不会有毛糙的感觉，做睡衣很舒服。

欧根纱，也叫柯根纱。真丝制作的欧根纱比较昂贵，用来制作婚纱礼服等，有曼妙的童话色彩。我们偶尔也用欧根纱做柿子染和蓝染，制成裙装，与简单款衣服搭配，能起到强调女性特质的效果。

乔其纱。绸面上密布细致均匀的皱纹和明显的沙孔。质地轻薄、手感软、有弹性、透气性和悬垂性良，适合制作衬衣。

织锦缎。经面缎上起三色以上纬花的中国传统丝织物。手感丰厚，色彩丰富，适合做正式场合的礼服类旗袍。我们用它来做过马甲，有意想不到的帅气。

　　和古代相比，现代工业化给丝绸生产带来了极大的效率，除了天然桑蚕丝，还有从植物纤维里提取的铜氨丝，质感和真丝差不多，是可自然降解的再生纤维素纤维，很环保。

棉

棉是我的好朋友。

科学技术已经发展到可以生产出成千上万种化纤面料，可我们还是会对天然面料有天生的喜欢和亲近。这种亲近和喜欢是来自身体的，也是来自心理的。

人类种植棉花作为纺织和衣着的原料，已经有七千多年的历史了。棉花的原产地是印度和阿拉伯，中国是在宋代开始有棉花传入并开始大面积种植的，在此之前只有可供充填枕褥的木棉，没有可以织布的棉花。宋朝以前，中国只有带丝旁的"绵"字，没有带木旁的"棉"字。

仅仅是写下"棉"这个字就让我觉得安心和舒服。棉花长在枝头的样子也很美，我家门厅有一束干花，是自己制作的，材料分别来自老家的麦子、高粱和新疆朋友寄来的棉花。

可能很多人都会以为我家花瓶里插着的几枝"棉花"就是棉花这种植物开的花，其实不是的。棉花真正的花朵是乳白色的，开花后不久转成深红色然后凋谢，留下绿色小型的蒴果，称为棉铃。棉铃内有棉籽，棉籽上的茸毛从棉籽表皮长出，塞满棉铃内部，棉铃成熟时裂开，露出柔软的纤维。也就是说，白色的花朵一样的"棉花"，是棉花这种植物随果实长出的纤维。

白色的棉花纤维制成棉纱，用棉纱线织成的布就是棉布。相对于麻，棉布更保暖，穿着的舒适度更高，也更适合天然染色，用靛蓝在纯棉布上染出的颜色比在麻布上更鲜艳。

我们在购买棉制品的时候，通常会随口问一句，是不是纯棉的？好像加了一点别的杂质，那个"棉"字的美感和舒适感就会打折扣。事实上，绝对的"纯棉"是不太可能的。纯棉布也是相对于涤棉等混纺布而言的，纯棉泛指以棉花为原料纺织而成的布料，它是用棉纱与棉型化纤混纺纱织成的织物，一般含棉量达到百分之七十以上，我们就可以叫它"纯棉布"。

羊绒

一位朋友跟我说，自从有一年冬天斥巨资买了一件羊绒衫，从此就再也不想穿别的衣服过冬打底了。羊绒衫的好，穿过了才知道，虽然价格不菲，但那是献给自己的温柔。它轻、薄、软、糯，重点是最后一个"糯"字，别的面料很难如羊绒般的感觉。

分享一个你可能不太了解的知识点：羊绒是长在山羊外表皮层，掩在山羊粗毛根部的一层薄薄的细绒，入冬寒冷时长出，抵御风寒，开春转暖后脱落。只有出自山羊身上的绒叫羊绒，出自绵羊身上的叫羊毛，行业上叫绵羊毛，绵羊毛即使很细，专业上也叫它羊毛，而不叫绒。

混
纺

顾名思义，多种材料混合纺制的面料就叫它"混纺"。在工艺技术不断发展的今天，混纺也是各种面料开发者不断探究和实践的领域。好的天然材料混纺织物，能够采各种材料之长，同时也避免了缺点。

比如丝和麻的混纺，也就是我们常说的丝麻，光泽度比麻好，也不容易起皱，且多了一丝纯麻料没有的精致，但精致程度又不至于像丝那样刻意，可以用来制作很多款式的衣服。

而棉和麻的混纺，使麻料的舒适度得到了改善，更柔软和亲肤的同时，保留了麻质的"筋骨"。

家居服也可以很好看

在家里也要考虑"应该穿什么"这回事。

家居服代表放松模式的开启。据说有很多女性回家第一件事不是脱鞋，而是摘掉文胸，尤其在炎热的夏天，换上家居服，自由的气息扑面而来。

换上家居服是一种明确的心理暗示：我们终于从外部世界回到家里了，再也不用应付任何人了。

家居服和睡衣是有区别的，在英文里，家居服是"loungewear"，直译是"起居室的穿着"，也称"客厅装"，是指在私宅的公共区域的穿着，不一定是待在家里，而是有居家的心理状态。家居服也可以短暂地穿到室外去（比如小区快递柜），所以，穿着舒适但又长得不像家居服的家居服是我的最爱。

家居服和睡衣是有区别的，尽管有人喜欢二合一。另外，回到家随手拿一件老公宽大的 T 恤就当家居服了，我觉得这是对自己很不负责的表现。也有人喜欢将运动装当作家居服，舒服程度确实差不多，但若要认真一点对待这件事，就还是准备一两套能给自己带来好心情的、真正的家居服吧。

面料还是喜欢棉和麻，毕竟在家里要做家务，穿丝质的就没那么有劳动者气质。穿上棉麻，做简单重复的体力劳动，耳畔响起喜欢的音乐，大脑在做事的过程里得到彻底的放松和休息，这是一天中我最喜欢的时刻，类似于给自己小小的褒奖。

伍尔夫说："女人都应该有一间自己的房间。"她在她的房间里写下："夕阳西下，清晰的轮廓消失了，寂静像雾霭一般袅袅上升、弥漫扩散，风停树静，整个世界松弛地摇晃着躺下来安睡了……"

既然房间都有了，那就好好选件家居服给自己吧。

背心，给你一个结实的拥抱

功能性与美感的统一平衡，说的就是它——一件可随意搭配的背心，有时候也叫"马甲"。如今我们对衣服的称谓越来越随意，穿在里面的是背心，但也会被叫作"吊带"或"打底"，套在外面的也是背心，但稍微正式的款式，尤其对襟的，就会被叫作"马甲"。不管啦，反正就是那种"给你一个结实的拥抱"的功能性单品。

可以说背心一年四季都是好朋友一样的存在。如果全身素色，一件出挑的背心能提亮整个装扮。春秋季冷热不定的时候，背心方便随意穿脱，而且不像披肩那么挑人挑场合，脱下来还不占地方。喜欢穿连衣裙，但上下身比例不是那么协调，或者觉得自己腰不够细，一件长度合适的背心就能做到很好的统一和分割。如果你觉得连衣裙的女人味过重，背心还能中和这种"过分"的感觉，温柔中带出几分飒。

波点和条纹衫，永恒的少女和少年

条纹衫之所以叫作"Breton Stripes"，是因为它在法国 Brittany（布列塔尼）地区诞生，"Breton"就是指当地的人或者物。曾经在这个地区旅行过，景点的纪念品售卖点一定不会少了经典的条纹衫。

要说将 Breton Stripes 带到全世界，那是香奈儿女士的功劳。在一次航海的旅行后，香奈儿从水手的服装中获得灵感，在一九一七年推出了航海系列服装，正式将条纹衫引入时尚界。香奈儿的好友——画家毕加索也是 Breton Stripes 的爱好者，另外玛丽莲·梦露、柯德莉·夏萍等明星都穿着 Breton Stripes 在电影或是硬照中出现。从那时到现在，条纹一直是经典中的经典。

波点起源于中世纪的欧洲，一开始主要用于一种叫 Polka（波尔卡舞）的服饰，十九世纪开始走入日常生活，成为人们喜

爱的服饰元素。风格偶像戴安娜王妃就毫不掩饰自己对波点的喜爱，留下了许多经典的波点造型。

说到波点，当然不能忘记艺术家草间弥生。在自述书《波点女王——草间弥生》中，草间弥生回忆幻觉给她最初的艺术创作带来了灵感。从孩提时代起，她就一直在画圆点，用这个简单、重复的图案一遍遍地慰藉自己的心灵。对她来说，圆点是立体的、无限的生命象征，"我想通过圆点构成的和平在我的心灵深处发出对永恒的爱的憧憬"。

条纹衫清新但不刻意，带一点时尚度又不过火。最喜欢的条纹衫还是棉质的，总觉得其他材质的条纹衫都不叫条纹衫，更何况麻的和真丝的都容易皱，也很薄，不符合条纹的少年感。

波点的适应性就大些，裙装、衬衣、裙裤……但好像不能做条纹衫那样的 T 恤。真是奇妙，每种图案都带着它自身的性格和气质。

在我心里，条纹是少年，波点是少女，永恒的少女和少年。

连衣裙

小时候，在我生活的周围，物质相对匮乏，连衣裙是一件特别的衣服，它直接代表爱美，而在那样的年代，爱美并不是可以拿出来大张旗鼓宣扬的。那时候上小学，谁在春天第一个穿上裙子，是一件比谁期末考第一名要轰动得多的"大事件"。

关于追求美，人们对它有很多复杂的情绪。每个人都爱美，但没有几个人能大方承认这一点。

乍暖还寒时，我们几个好朋友都在暗中观察有没有人穿上裙子。如果今天有，那我们明天就可以正大光明地穿了。明明天气已经足够温暖来穿一条迎风招展的连衣裙了，就是没人成为那第一个。

"要不我们明天一起穿吧！"这句话一说出来，几个好朋友都说好。

就这样，我们几个小姑娘一起穿上了裙子。自那天以后，大街上、校园里，穿裙子的人慢慢多起来，春天好像这才真的来了。

后来，哪里还有当年这种穿裙子的心情呢？一年四季我们想穿就穿，连衣裙的款式也多得让人眼花缭乱。但儿时那种忐忑和试探的美好，再也没有了。

现在的我很少再穿儿时那种收腰连衣裙，但衣橱里还是有好几条，每年翻出来穿几回，是留给自己的、隐秘的欢愉。

万能全棉打底衫

体形偏胖的人，建议穿衬衫时在里面搭配一件打底衫，穿的时候解开衬衫三到四颗扣子。灰色系列的打底衫可以准备三到四个不同的灰度，偏冷的、偏暖的、深色的、浅色的，基本就够用了。当然，根据季节不同，还分为长袖、短袖和吊带。

好的配饰
真的能画龙点睛

帽子、披肩、围巾、首饰、表、皮带……哪个女人的衣橱里没有这些东西呢？哪怕你和我一样奉行简单原则，也还是在一些时刻希望身上有那么点儿不经意的小心思，不用力但也足够细心对待自己。

过于简单、普通的衣服，想提亮一下心情，一串项链就能解决问题；披肩和围巾可以增加女人味，还有保暖的功能；有时候懒得打理头发，戴个帽子就可以变出好造型……

好的配饰真的能画龙点睛，就算做不到如此，也至少锦上添花。就算别人看不到也没关系，有时候女人佩戴首饰仅仅是为了取悦自己。

衣橱办公室

衣橱的功能不仅仅是收纳衣服，它真正的价值是帮助你实现"方便挑衣服"的目的，与收纳相比，它更像为挑选一种叫作衣服的物品而专门设置的"办公室"。整理衣橱看起来是在花时间，实际是为我们选择衣服节省了大量的精力。每到换季的时候，把自己的衣橱打开，认真归类清理一次，也许只花掉半天的时间，却可以让你在接下来的三四个月里知道自己有什么、应该穿什么、还需要补充什么。

最糟糕的事情莫过于早晨醒来，发觉上班时间就要到了，或者约好了某个重要的人，却不知道今天应该穿什么。手忙脚乱钻进衣橱胡乱选择的结果，是我们一天都感觉穿得不像自己。

整理衣橱的过程，其实也是一个认识自己的过程。你会更加明确个人风格是怎么回事。那些放在衣橱角落几年都不碰的衣服就赶紧扔掉吧。（真奇怪，好像每个女孩都会买下一堆从来不穿但下次还是要买的衣服。）

整理完毕,你一定发觉你拥有的东西比你想象的多很多。可以有一进一出的原则，就是说，在接下来的日子里，每买一件新衣服，就必须先考虑衣橱里的哪件衣服需要"迭代"。要记得，把不必要的东西扔掉，是一次成长的仪式。断舍离的目的不是让我们清空收纳柜，好继续买买买，而是让我们清楚地知道自己需要什么，不需要什么。

整理时把衣服分类，上衣、下装自然要区别开，同时相同功能的衣服用颜色来划分区域，这样会给每天的搭配带来便利。基础款请放在最方便取用的地方，这些单品一定是使用率最高的。

对我来说，整理衣橱是一件特别享受的事情。简单劳动让人身心放松，而且把衣橱收拾好，就像把自己内心的房间整理清爽了一样。所以，心情好的时候我喜欢整理，心情不好的时候，我知道我需要做一点类似于整理的工作。

必要的色彩知识

我们都知道服装搭配的三色原则：

原则一：同色系

将同色系的颜色搭配在一起绝不会出错，如粉红＋大红、艳红＋桃红、玫红＋草莓红等这类同色系间的变化搭配可穿出同色系色彩的层次感，又不会显得单调乏味，是最简单易行的方法。

原则二：对比色

对比色是两类拥有完全不同个性的颜色，如红和绿、蓝和橙、黑和白、紫与黄等。若有意将对比色搭配在一起，就要注意对比色间的比例变化，选择一种颜色为主色而另一种颜色为副色，很有点睛的效果，能将你的个性大胆展露。

原则三：无色系

若真的还是搞不清楚这花花绿绿的颜色搭配间微妙的比例，就用黑、白、灰这几种无色系的颜色来压阵吧。无论你穿了多么鲜艳的衣服，只要配饰上选用单纯的黑、白、灰，主次感一下子就突显了，还能显得高贵不凡。

我建议在此基础上做一点点试探，没有不适合的颜色，关键看怎么使用。

我家里的衣服黑白灰最多。黑色有瘦身的效果，显高级，但有时候也代表了冷漠；红色很强势，吸人眼球，但有时也温暖；绿色让人安心，我偏爱墨绿；粉色柔软，女人味足，但我会避免太明亮的粉，肉粉或偏橘色的粉刚好；白色最显材质，干净纯粹，可以和任何颜色搭配；灰色一定要注意它的冷暖度，冷一点可能是水泥的冰冷，暖一点就是一杯卡布奇诺；深蓝色知性、冷静、清爽、成熟；浅蓝色要慎重大面积使用，我的衣柜里除了条纹衫，还找不出别的蓝色；黄色明亮，带来好心情，但也不能太黄，否则会"躁"，最多到姜黄那个程度，不能再黄了；棕色，这些年很流行的颜色，具有厚重感、时尚感。

以上这些是我多年来穿衣服、做衣服过程中形成的一些认知。不过话说回来，对颜色的"感觉"其实是受到文化、社会心理甚至宗教、历史等元素的影响，色彩也是比较出来的。单说一个"绿色"，我们无法讲出它是偏冷还是偏暖，但我们可以说绿色比红色冷、比蓝色暖。讲颜色的时候，我们更多是在讲"关系"，要把具体的颜色放在具体的关系中理解。

回到衣服的颜色上来，颜色并不是作为单一存在被我们看见的。衣服材质、款式和颜色的搭配是一个整体。一件具体的衣服又会被放在一个更大的环境里。这些都是需要综合考虑的。比如同样的红色，一件羊绒毛衣和一条真丝长裙放在一起，给我们感官的刺激是不一样的。又或者，我们在黄昏夕阳的余晖里看见一个人穿蓝色衣服和在阴雨天气看到的感受也会不一样。

所以，夏天的时候，我们偏爱浅色系；秋天会选择大地色系与自然响应；冬天到了，穿得热烈一些吧；至于春天，万物复苏，百花盛开，一片生机的天地里，白色就是最好的啦。

原研哉在《白》这本书里说过一句话："它们（颜色）其实是在一种更深的层次上，带着物质本性中所固有的属性，诸如质感与味道等一起被看到。人们是通过这些组合的元素看到颜色的。在此，对颜色的理解不仅是通过我们的视觉感官，更是通过我们所有的感官。"

黑白配，同色系，撞色搭……在了解一些必要的色彩知识之后，其实都可以试试，慢慢形成自己的风格。我始终相信，每一种方式，都可以找到热爱的理由。

风格的练习

没有人生来就知道自己适合穿什么。风格即人格，是人的本质力量的外化。我们需要认识自己，以确立风格，同时也要做风格的练习，在不断地试探中寻找当下最舒服的着装。

风格也是流动的，正如一个人总在成长。穿衣服与自身成长紧密相关，甚至有时候，很难讲清楚究竟是个人成长形成了自我风格，还是我们在风格形成中的努力不经意间塑造了人格。

最可怕的是风格的固化。可能是某一次偶然的尝试，某种风格得到自己和周围人的认可，于是就觉得"我是属于这一种风格"，从此活在被一种风格局限的装扮里。

我们最容易被自己的风格束缚，没有

比模仿自己更糟糕的了。要有风格，但是不受风格的束缚。胆子大一点儿，在保有过往风格的同时，接受新事物、新观念，偶尔出格做一点儿温柔的试探，让自己的风格既一以贯之，又不断进化，从而达到一种流动的达观。

一般情况下，我会有风格喜好的倾向，穿出门的总是那一些衣服。但偶尔也希望自己尝试完全不同的感觉，和闺蜜约会，就可以穿得大胆一点，这是我对自己进行风格练习的好机会。相反，在一些重要场合，我还是会选择更确定的、好驾驭的衣服，那样的话，穿衣服就不会成为我当天的负担。

你的家里需要一面诚实的镜子。空闲的时候，不妨多注视镜中的自己，多做搭配的练习。小时候我就喜欢一个人关在房间做这个游戏：把自己的衣服和妈妈的衣服放在一起，再摆出纱巾、毯子甚至床单，对着镜子变换造型。有时候被我妈撞见，会不好意思大半天。谢天谢地，现在我们可以更肆意地玩这个游戏了，为什么不试试呢？

确定一套固定搭配，再来第二套。每季花一个下午，或者每周早起一天去练习搭配，这样的安排不仅好玩，还合理，能让日后的穿搭变得更简单，有更多选择的余地。

塑造风格不等于买一堆新衣服。无止境的消费并不会让人快乐，也不会让人变得有风格。这是一个按照生活方式去购物的时代，我们不是为了买而买。买那些自己真正需要的东西，而不是想要的。哪怕价格贵一些，但因为穿着率高，用"每天为衣服花几块钱"的算法试试，其实并不贵。

穿衣不是物质需求，在今天，穿衣本质上也应该是一种精神生活。个人风格应该不断进化。

如果进行了风格的练习，忙乱的状态就可以避免。买合身的衣服，为天气做好准备（没有坏天气，只有不合适的衣着），穿舒服的内衣。

在穿衣服这件事上，我也有过惨痛的经历。最糟糕的是，被错误的着装触发而产生不适和挫败感，最糟糕的莫过于整晚都觉得穿得不像自己。

二〇一五年，全家迁移到北京，从南方城市到天寒地冻的北方，对这里有很多错误的想象。刚到那会儿，有一晚朋友请吃火锅，说是在胡同里一家当地人爱吃的小店。我脑子里浮现的是成都街边"苍蝇馆子"的样子，第一反应是好冷啊。

出门的时候，我在保暖内衣外穿了件夹绒长袍套头衫，外面还加了一件羽绒。到火锅店里，坐下五分钟我就知道完了。火锅店里暖气十足，脱掉羽绒外套根本没用，夹绒套头衫和保暖内衣把我裹得严严实实，套头衫当众脱掉太不雅观，最要命的是，即使跑进厕所脱，露出的也是保暖内衣，怎么行！看看别的朋友们，短袖 T 恤、衬衣，最厚的也就是穿了件薄毛衣（可随意穿脱的开衫）……那顿火锅，我根本不记得是什么味道。

再反观一些北方朋友，初到南方，以为冬天多舒服呢，谁知道进酒吧喝酒也会因为穿少了冷得瑟瑟发抖。

以上两个例子比较极端，但是仔细想想我们的身边穿着与环境不协调的大有人在：去乡下郊游穿细高跟鞋、与小朋友玩乐穿蹲下容易走光的短裙、参加茶会在一片素色中着玫红色的呢大衣……

风格的练习、搭配的实践、对各种环境的准备，可以给我们带来轻松和愉悦，更可以让简单变得不凡。总体来讲，着装规范可以宽松一点儿，但绝不是随心所欲，单品的巧妙结合可以让我们衣着自然，且毫不费力。

我这个普通人的 OOTD

穿的是衣服
搭配的是心情

和罗小姐关于"优雅"的对谈

罗小姐，罗思

导演，编剧，制片人，演员，时尚撰稿人，专栏作家，四川电影电
视学院副院长。《回到爱始的地方》编剧，策划电影《听风者》
获得香港电影金像奖、台湾金马奖提名。爱旧物，爱旗袍，爱复
古时尚，追求"内在的优雅"。

出版图书《优雅的节点》。

Q：你是谁？做过什么？正在做什么？

A：我是宁远，也是宁不远。做过导游、教师、记者、
主持人、制片人、演员、写作者、裁缝。目前最主要的事情
是做三个孩子的妈妈。

Q：用三个词形容一下自己。

A：勇敢，朴素，天真。

Q：从起床到出门最快用过多长时间？

A：最快十分钟。

Q：你的包包里永远带着什么？

A：纸巾。

Q：穿衣准则分享一下？

A：首先是取悦自己。

Q：推荐一下你的护肤心得与瘦身方法。

A：睡眠充足皮肤才好。瘦身跟毅力有关，要做到少吃多动。

Q：有没有坚持了五年以上的热爱？

A：阅读、写作、做衣服、画画，很多啊。

Q：最想和哪个作家交换灵魂？

A：村上春树，准确地说我想交换那颗敏感又自律的心。

Q：你相信内心会影响容貌吗？

A：相信。

Q：你如何理解美？

A：美而不自知，我觉得特别美。

Q：这不是优雅最好的时代，为什么还要强调优雅？

A：越是缺少越是珍贵。

Q：你最欣赏的几位优雅女性是？

A：我奶奶，张爱玲，翁茹（我大学时代的老师）。

Q：优雅是一个人带给他人的特有的气氛，你如何形容罗小姐式的优雅？

A：我记得一次采访罗小姐，在舞台上，她从容舒缓的说话方式给我留下深刻印象。那次采访是关于自己的父母，听她讲自己的双亲，现场包括我在内的很多观众都流下了眼泪。我坐在一旁感觉到罗小姐的深情和动情，但是她依然那么优雅，让我感觉到某种有教养的控制，好有魅力。

Q：关于美好生活方式和优雅小物的清单是？

A：早起。

早睡。

锻炼身体。

爱自己。

拥有独处的时间。

原谅别人。

多说谢谢。

至少种两盆植物，定期给它们浇水。

图书在版编目（CIP）数据

素与练：日常的衣服 / 宁远著. — 北京：北京时代华文书局，2020.9
ISBN 978-7-5699-3778-7

Ⅰ．①素… Ⅱ．①宁… Ⅲ．①服饰美学—通俗读物 Ⅳ．①TS941.11-49

中国版本图书馆CIP数据核字(2020)第111742号

素与练：日常的衣服
SU YU LIAN RICHANG DE YIFU

著　　者｜宁远
摄　　影｜领唱　小喜　朱泓锦　丸摄影工作室

出版人｜陈涛
图书策划｜陈丽杰
责任编辑｜陈丽杰　仇云卉
责任校对｜陈冬梅
营销编辑｜嘉慧　啸宇　洮子　莲溪
封面设计｜lemon
版式设计｜孙丽莉
责任印制｜訾敬

出版发行｜北京时代华文书局 http://www.bjsdsj.com.cn
　　　　　北京市东城区安定门外大街 138 号皇城国际大厦 A 座 8 楼
　　　　　邮编：100011　电话：010-64267955　64267677
印　　刷｜北京盛通印刷股份有限公司　010-52249888
　　　　　（如发现印装质量问题，请与印刷厂联系调换）
开　　本｜880mm×1230mm　1/32　　印　张｜6　　字　数｜100千字
版　　次｜2020 年 9 月第 1 版　　印　次｜2020 年 9 月第 1 次印刷
书　　号｜ISBN 978-7-5699-3778-7
定　　价｜52.00 元